工业废物

▪ 废酸废碱 ▪ 石棉废物 ▪ 有色金属冶炼废物

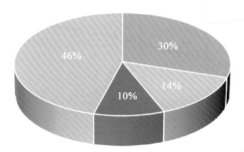

图 1-3 工业废物组成占比

来源行业废物

▪ 化学原料与产品制造 ▪ 有色金属冶炼 ▪ 废金属矿采选 ▪ 造纸业 ▪ 其他

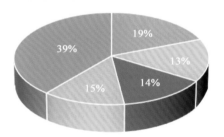

图 1-4 来源行业废物组成占比

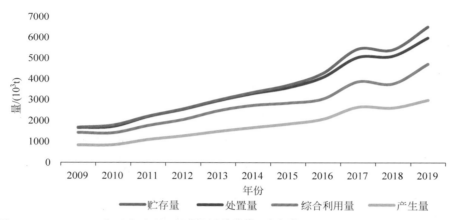

图 1-8　2009—2019 年重点城市及模范城市的工业源危险废物产生、利用、处置、贮存情况

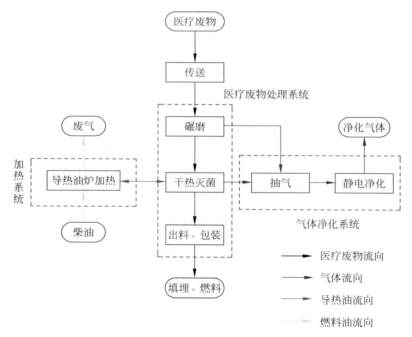

图 3-9　高温干热工艺流程

国家出版基金项目
NATIONAL PUBLICATION FOUNDATION

"无废城市"建设理论与实践丛书

面向"无废"的危险废物管理

陈扬 冯钦忠 刘俐媛 等 编著

清华大学出版社
北 京

内 容 简 介

本书系统介绍了危险废物"无废"建设背景、危险废物来源及"无废"处置技术等,并以不同城市为案例详细介绍了危险废物管理模式,可为"十四五"乃至更长时间我国"无废社会"的建设提供基础资料和借鉴。

本书可供环境管理、危险废物风险控制、危险废物资源化利用等领域的高等院校师生和科研院所研究人员及相关技术人员阅读参考。

图书在版编目(CIP)数据

面向"无废"的危险废物管理 / 陈扬等编著. -- 北京:
清华大学出版社,2024.12. --("无废城市"建设理论与
实践丛书). -- ISBN 978-7-302-67781-9

Ⅰ. X7

中国国家版本馆 CIP 数据核字第 2024HU6974 号

责任编辑:孙亚楠
封面设计:常雪影
责任校对:赵丽敏
责任印制:丛怀宇

出版发行:清华大学出版社
      网　　址:https://www.tup.com.cn,https://www.wqxuetang.com
      地　　址:北京清华大学学研大厦 A 座　　邮　　编:100084
      社　总　机:010-83470000　　邮　　购:010-62786544
      投稿与读者服务:010-62776969,c-service@tup.tsinghua.edu.cn
      质量反馈:010-62772015,zhiliang@tup.tsinghua.edu.cn
印　装　者:大厂回族自治县彩虹印刷有限公司
经　　销:全国新华书店
开　　本:170mm×240mm　　印　张:13.25　　插　页:1　　字　　数:252千字
版　　次:2024 年 12 月第 1 版　　印　　次:2024 年 12 月第 1 次印刷
定　　价:79.00 元

产品编号:106900-01

固体废物治理是生态文明建设的重要内容,是美丽中国画卷不可或缺的重要组成部分。加强固体废物治理既是切断水气土污染源的重要工作,又是巩固水气土污染治理成效的关键环节。党中央、国务院高度重视固体废物污染防治工作,新时代十年以来,针对影响人民群众生产生活的"洋垃圾"污染、"垃圾围城"、固体废物危险废物非法转移倾倒等突出问题,部署开展了禁止"洋垃圾"入境、生活垃圾分类、"无废城市"建设试点、塑料污染治理等多项重大改革,解决了很多长期难以解决的问题,切实增强了人民群众的获得感、幸福感、安全感。

"无废城市"建设是固体废物污染防治的重要篇章。2018 年 12 月,生态环境部会同 18 个部门编制《"无废城市"建设试点工作方案》,通过中央全面深化改革委员会审议,由国务院办公厅印发实施。生态环境部会同相关部门,筛选确定深圳等 11 个试点城市和雄安新区等 5 个特殊地区作为"无废城市"建设试点,各地积极探索和创新工作方法,形成一系列好做法、好经验。在试点基础上,根据《中共中央国务院关于深入打好污染防治攻坚战的意见》部署要求,2021 年 12 月,生态环境部会同有关部门印发《"十四五"时期"无废城市"建设工作方案》,确定 113 个城市和 8 个地区开展"无废城市"建设,"无废城市"建设从局部试点向全国推开迈进。

"无废城市"是以新发展理念为引领,通过推动形成绿色发展方式和生活方式,持续推进固体废物源头减量和资源化利用,将固体废物环境影响降至最低的城市发展模式。开展"无废城市"建设,从城市层面综合治理、系统治理、源头治理固体废物,在突破源头减量不充分、过程资源化水平不高、末端无害化处置不到位等固体废物污染防治瓶颈的同时,有利于改变"大量消耗、大量消费、大量废弃"的粗放生产生活方式,推动形成节约资源和保护环境的空间格局、产业结构、生产方式、生活方式,实现绿色低碳高质量发展。巴塞尔公约亚太区域中心对全球 45 个国家和地区相关数据的分析表明,通过提升生活垃圾、工业固体废物、农业固体废物和建筑垃圾 4 类固体废物的全过程管理水平,可以实现国家碳排放减量 13.7%～45.2%(平均为 27.6%)。

开展"无废城市"建设,是党中央、国务院作出的一项重大决策部署,关系人民群众身体健康,关系持续深入打好污染防治攻坚战,关系美丽中国建设。我国"无废城市"建设在推动固体废物减量化、资源化、无害化和绿色化、低碳化等方面取得积极进展,涌现了一大批城市经验和典型。为了全面总结"无废城市"建设的先进经验和典型,宣传和推广"无废城市"建设的中国方案,巴塞尔公约亚太区域中心会同中国环境科学研究院、农业部规划设计研究院、中国科学院大学、中国城市建设研究院有限公司、生态环境部宣传教育中心等单位共同组织编写了"无废城市"建设系列丛书,从国际、工业固废、农业固废、危险废物、生活垃圾、生活方式、典型案例7个方面,阐述不同领域固体废物的基本概念。

"十四五""十五五"时期是美丽中国建设的重要时期,也是"无废城市"建设的关键时期。我相信,本丛书的出版会对致力于固体废物管理的工作者及开展"无废城市"建设的地区提供有益借鉴,也希望在开展"无废城市"建设的过程中,大家能够更加紧密地团结在以习近平同志为核心的党中央周围,认真贯彻落实党中央、国务院决策部署,推动"无废城市"高质量建设事业迈上新台阶、取得新进步,推动"无废城市"走向"无废社会",为全面推进美丽中国建设、加快推进人与自然和谐共生的现代化作出新的更大贡献!

清华大学环境学院长聘教授、博士生导师
联合国环境署巴塞尔公约亚太区域中心执行主任

　　"无废城市"是以创新、协调、绿色、开放、共享的新发展理念为引领,通过推动形成绿色发展方式和生活方式,持续推进固体废物源头减量和资源化利用,最大限度减少填埋量,将固体废物环境影响降至最低的城市发展模式。自2018年12月29日国务院办公厅印发《"无废城市"建设试点工作方案》和《"无废城市"建设指标体系》以来,各地围绕大宗工业固体废物、危险废物、医疗废物、城市建筑垃圾、城市生活垃圾、农村固体废物、废旧物资循环利用7个方面陆续出台政策举措加以推进。2019年,生态环境部确定"11＋5"个"无废城市"建设试点。2021年,生态环境部会同国家发展和改革委员会、工业和信息化部、财政部、自然资源部、住房和城乡建设部等17个部门和单位联合印发《"十四五"时期"无废城市"建设工作方案》。2022年,生态环境部公布"十四五"时期"无废城市"建设名单。"十四五"时期,我国将推动100个左右地级及以上城市开展"无废城市"建设,鼓励有条件的省份全域推进"无废城市"建设。

　　在"无废城市"建设过程中,危险废物来源广泛,成分复杂,环境风险高,涵盖工业源、社会源、生活源、农业源等各个领域,是固体废物污染防治工作的重中之重,对于保障人体健康、防范环境风险、促进经济社会可持续发展具有重要意义。提升环境风险防控能力,强化危险废物全面安全管控,是构建"无废城市"的主要任务,也是"无废城市"构建成败的关键。

　　"十四五"开局之年,危险废物治理通过多措并举,有针对性地解决治理难题;《关于加强危险废物鉴别工作的通知》出台,首次对鉴别单位提出统一管理要求,推动解决危险废物鉴别难题;《危险废物排除管理清单(2021年版)》发布,首次在危险废物环境管理中做"减法",促进实现降低企业经营成本和提高管理部门监管效率的"双赢";《医疗废物分类目录(2021年版)》自2003年"非典"疫情后首次修订,为常态化疫情医疗废物妥善收集处理明确了要求;《危险废物转移管理办法》时隔20余年由三部门联合重新制订,进一步加强危险废物转移管理。危险废物专项整治前期发现问题100％整改完毕,铅蓄电池集中收集和跨区域转运试点实现省域全覆盖;陆上石油天然气开采等7个重点行业危险废物环境管理指南制定印发,相关企业提高危险废物规范化环境管理水平有了指导办法。在深入分析当前危险废物环境管理问题的基础上,《"十四五"危险废物规范化环境管理评估工作方案》出台,积极推动"十四五"时期国家与6个区域性危废风险防控中心和20个区域性特殊危废处置中心建设,谋划部署"十四五"期间提高规范化管理水平、加强信息化监管能力、补齐利用处置短板等重点工作。

　　基于上述背景,本书设置了五个章节,分别是"认识危险废物"、"中国的危险废物'无废'管理现状"、"危险废物无废处置技术"、"面向'无废'的危险废物处置先进技术案例"及"'无废城市'建设试点的危险废物先进管理模式"。

　　本书适用于高等院校固体废物污染控制、环境工程相关专业本科生或研究生根据学习需要开展选择性教学和阅读,同时也可供从事固体废物污染控制、"无废城市"试点工作从业人员、管理人员阅读参考。我们在编写过程中,一是力求全面把握"无废城市"试点优秀管理模式和成果,完整地反映研究共识,博采众家之长,充分借鉴试点区域和先进管理案例,适当取舍综合,形成有中国特色的危险废物"无废"管理书籍。二是较为全面地介绍了中国在面向"无废城市"转变的过程中如何管理和处置危险废物的方法及适用条件。三是根据在第一批试点城市和"十四五"时期新试点城市的实践,选取了有代表性的案例供参考和借鉴。

　　本书是不同研究机构和高校团队紧密结合、分工协作的集体智慧结晶。第1章由中国科学院大学的陈扬、冯钦忠、刘俐媛、冯煦、陈一宁、刘鑫洋等负责编写,第2章由中国科学院大学的冯钦忠、陈扬、刘俐媛、钱智、崔皓、陈露等负责编写,第3章由中国科学院大学的陈荣志、陈扬、冯钦忠、刘俐媛、河南省生态环境监测和安全中心的杨俊杰、沈阳环境科学研究院的陈刚、曹云霄负责编写,第4章由中国科学院大学的陈扬、冯钦忠、刘俐媛、生态环境部环境发展中心的李安定、刘红、高树炜、潘丽晖和河南省生态环境监测和安全中心的杨俊杰、郭春霞、王淑艳、李雪、赵威负责编写,第5章由中国科学院大学的刘俐媛、陈扬、冯钦忠、龙宏菲、郭剑波、王通哲、杨世童、张秀锦、周聪、张圆浩等负责编写。

　　由于"无废城市"试点工作还在进行中,编写组难免有不当和疏漏之处,敬请读者批评指正,以便在今后再版时进行相应修正。当然,随着我国"无废城市"试点工作的推进,好的管理模式和先进技术将不断涌现,我们将及时修正完善。

笔　者
2024 年 1 月

目录

认识危险废物

1.1 危险废物的产生来源与分类

1.1.1 产生来源和分类

危险废物的产生主要来自工业、医疗、农业、家庭等领域。危险废物种类繁多,分类方法众多(图 1-1)。采用危险废物名录分类法与有害废物鉴别判据相结合的分类系统,可将危险废物分为无机废物、废油、有机废物、易腐蚀的有机废物、量大低害废物、其他废物六类;按其物理形态的不同可分为固态、液态、气态、污泥状、泥絮状、桶装危险废物等;按照危险废物所含的化学元素可分为清洁的危险废物、会产生气态污染物的危险废物、含重金属的危险废物、含碱金属的危险废物;按危险废物的危险特性可分为易燃性危险废物、腐蚀性危险废物、反应性危险废物、浸出毒性危险废物、急性毒性危险废物和毒性危险废物等多种类型[1](图 1-2)。

什么是危险废物?

《中华人民共和国固体废物污染环境防治法》规定,危险废物是指列入国家危险废物名录或者根据国家规定的危险废物鉴别标准和鉴别方法认定的具有危险特性的废物。

危险废物

图 1-1 危险废物定义

危险废物按照其产生来源可分为工业源危险废物(简称"工业废物")和社会源危险废物,其中工业源废物占比 70% 以上。工业源危险废物中,废酸废碱

图 1-2 危险废物警告标志牌式样

占 30%,石棉废物占 14%,有色金属冶炼废物占 10%(图 1-3)。

工业废物

■ 废酸废碱 ■ 石棉废物 ■ 有色金属冶炼废物 ■ 其他

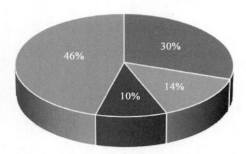

图 1-3 工业废物组成占比(见文前彩图)

按来源行业划分[2],化学原料与产品制造占 19%,有色金属冶炼占 15%,废金属矿采选占 14%,造纸业占 13%(图 1-4)。

来源行业废物

■化学原料与产品制造 ■ 有色金属冶炼 ■ 废金属矿采选 ■ 造纸业 ■ 其他

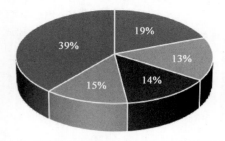

图 1-4 来源行业废物组成占比(见文前彩图)

工业源危险废物[3]是指在工业生产活动中产生的危险废物。由于工业体系庞大,种类繁多,产生的危险废物数量大且成分复杂,从其产生、收集、运输、贮存、综合利用及处置等环节在时空上也有很大的不确定性,使得工业源危险废物的污染控制成为企业管理和环保部门监管的一大难题。

社会源危险废物[4]是指从居民家庭、社会和公共服务行业、工业企业非生产过程产生的或使用后的具有危险特性的固体废弃物(图 1-5)。与工业源危险废物不同,社会源危险废物具有产生源分散、产生量不固定且种类复杂等特点,导致目前主要基于工业源危险废物建立的危险废物管理模式很难实现对于社会源危险废物的有效管理。

(a)   (b)

图 1-5　社会源危险废物

(a) 荧光灯管；(b) 废铅酸电池

1.1.2　工业源危险废物

1. 工业源危险废物的分类

从组成上来看,我国的工业源废物主要由废酸废碱、石棉废物、有色金属冶炼废物、无机氯化废物、废矿物油组成[5],其中废酸废碱、石棉废物占据大部分比例[6-8](图 1-6)。

(1) 废酸废碱

我国钢材加工行业产生大量酸洗废液,主要成分为盐酸和 Fe^{2+},其中盐酸质量分数可达 8%～10%。铝加工行业碱洗(模具)废液中主要成分为偏铝酸钠、氢氧化钠和氢氧化铝,其中碱质量分数可达 15%～18%。两种废水 pH 值分别低于 2.0 和高于 12.5,各属于国家危险废物名录中 HW34(废酸)、HW35(废碱)。许多企业将其与低浓度废水混合,中和处理后排放,这不仅消耗大量的碱和酸,而且也会生成大量的废渣,需进一步分离和处理。这样向环境排放,

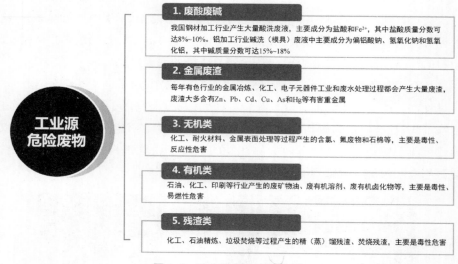

图 1-6 工业源危险废物分类

既给环境造成负担,又浪费资源,不符合我国"对废弃危险化学品实行充分回收和安全合理利用"的原则。如采用膜技术使废液回收或循环再生,膜处理设备投资高,且高浓度的废酸液和废碱液对膜本身及其设备要求高,处理成本高。

(2)金属废渣

每年有色行业的金属冶炼、化工、电子元器件工业和废水处理过程都会产生大量废渣,为适应循环经济的要求,减少废渣的排放量,废渣可作为一种资源代替黏土开发成建筑材料,缓解我国日益严重的土地资源危机。但这些废渣大多含有 Zn、Pb、Cd、Cu、As 和 Hg 等有害重金属,如果不能得到有效的固定,其中的重金属可能渗滤出来,进入水体或土壤中,造成严重的环境污染与生态破坏。因此,有效地固定废渣中的有害物质,是其开发成为安全性能高和环境友好的建筑材料的必要前提。

(3)无机类

含氯、氟废物和石棉等,主要来自化工、耐火材料、金属表面处理等,主要是毒性、反应性危害。

(4)有机类

废矿物油、废有机溶剂、废有机卤化物等,主要来自石油、化工、印刷等,主要是毒性、易燃性危害。

（5）残渣类

精（蒸）馏残渣、焚烧残渣等，主要来自化工、石油精炼、垃圾焚烧等，主要是毒性危害。其中，垃圾焚烧飞灰（图1-7）是在烟气净化系统（APC）和热回收利用系统（如节热器、锅炉等）中收集而得的残余物。

垃圾焚烧飞灰

垃圾焚烧飞灰是在烟气净化系统（APC）和热回收利用系统（如节热器、锅炉等）中收集而得的残余物，因其含有较高浸出浓度的铅和铬等重金属而属于危险废物，另外还含有高毒性有机废物（如二氧化物、呋喃和多环芳香烃等），因此使其更具有毒性。

飞灰约占垃圾焚烧灰渣总量的20%，其中APC飞灰包括烟灰（在焚烧室内产生并排出，在加入化学药剂前被去除的颗粒物，如布袋除尘室飞灰）、加入的化学药剂及化学反应产物，其物理和化学性质随焚烧厂烟气净化系统的类型不同而有所变化。

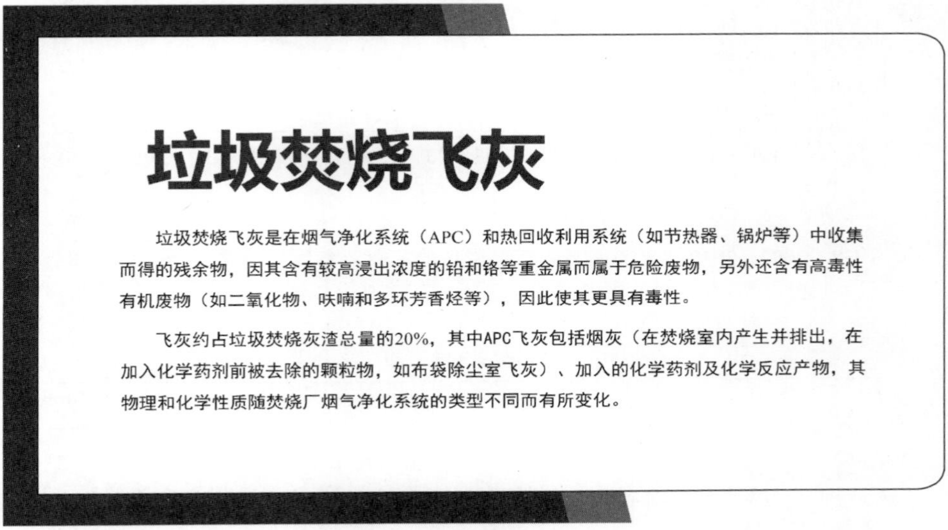

图1-7　垃圾焚烧飞灰

2. 工业源危险废物的产生特点

由生态环境部发布的《2020年全国大、中城市固体废物污染环境防治年报》可知[9]，2019年，中国196个大、中城市工业源危险废物产生量达4498.9×10^4 t，综合利用量为2491.8×10^4 t，处置量为2027.8×10^4 t，贮存量为756.1×10^4 t。工业源危险废物综合利用量占利用处置及贮存总量的47.2%，处置量、贮存量分别占比38.5%和14.3%，综合利用和处置是处理工业危险废物的主要途径。2009—2019年重点城市及模范城市的工业源危险废物产生、利用、处置、贮存情况如图1-8所示。

由2016—2022年生态环境部发布的全国生态环境统计公报可知，中国工业源危险废物产生量、综合利用处置量均逐年上升，由2016年的5219.5×10^4 t、4317.2×10^4 t，分别上升为2022年的9514.8×10^4 t、9443.9×10^4 t，分别上升82.3%、118.7%[10]。

工业源危险废物主要产生环节见表1-1。

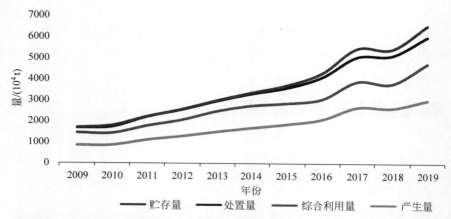

图 1-8 2009—2019 年重点城市及模范城市的工业源危险废物产生、利用、处置、贮存情况（见文前彩图）

表 1-1 工业源危险废物的产生环节

序号	产生环节	危险废物种类和产生过程
1	产生于工业生产使用的原材料	有些产品的生产需用到化工原料甚至危险化工原料等,这些原材料的容器或外包装含有或直接沾染危险废物,因此这些容器或外包装是危险废物,需要交由有相关资质的单位回收处理
2	产生于工业生产工艺过程	在生产过程中,有些原材料投入工艺流程后一部分转化为产品,另一部分则在工艺某一或几个节点转化为危险废物而产出。此类危险废物产生的途径,对于不同的产品、原料、规模、设备技术水平及管理水平,其产生量是截然不同的。比如线路板厂在其线路板蚀刻工艺过程就会产生蚀刻废液,一般企业会将蚀刻废液交由有资质的单位回收处理,但有些企业改造生产工艺流程,使用蚀刻液在线循环技术,实行在线循环处理,达到蚀刻废液零排放,从而增加产品的附加值
3	产生于废物末端处理过程	企业的废水、废气处理过程中会产生含危险废物的污泥、残渣或粉尘,比如皮革企业复鞣工艺后产生的含铬废水经处理后会产生含铬污泥,这些污泥经压滤机压水后入袋按危险废物规定处理处置;又如废气过滤处理后产生的活性炭也是危险废物,同样要按照危险废物规定处理处置

2022 年工业源危险废物产生量和利用处置量行业分布情况如图 1-9 所示。5 个行业的工业源危险废物产生量占工业源危险废物总产生量的 72.3%，工业源危险废物利用处置量占全国工业源危险废物利用处置量的 73.6%（图 1-10）。

图 1-9 2022 年工业源危险废物产生量和利用处置量行业分布情况

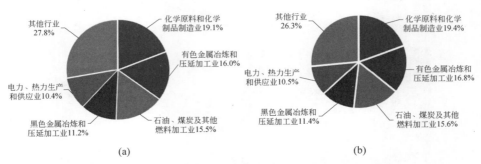

图 1-10 2022 年工业源危险废物产生和利用处置组成占比

（a）产生量；（b）利用处置量

1.1.3 社会源危险废物

1. 社会源危险废物的分类

社会源危险废物[11]包括社会和公共服务行业产生的危险废物（医疗废物[12]）、农业源危险废物等（图 1-11 和图 1-12）。

▶**社会和服务行业** 产生的危险废物

包括废铅蓄电池、废荧光灯、废线路板、废矿物油等。

| 分散性 | 不确定性 | 种类复杂 | 收集成本高 |

▶**医疗废物**

医疗机构在医疗、预防、保健及其他相关活动中产生的具有直接或间接感染性、毒性及其他危害性的废物垃圾,具体来说包括五大类医疗垃圾废物:感染性废物、病理性废物、损伤性废物、药物性废物、化学性废物。

▶**农业源危险废物**

主要包括废弃农药及其包装物等。农药包装废弃物是指农药使用后被废弃的与农药直接接触或含有农药残余物的包装物,包括瓶、罐、桶、袋等。农药废弃物包括被禁止使用但仍有库存的农药、过期失效的农药、假劣农药、农药施用后剩余的残液等。

图 1-11 社会源危险废物类别

(a)   (b)

(c)   (d)

图 1-12 常见的社会源危险废物

(a) 医疗废物;(b) 废矿物油;(c) 农药包装废弃物;(d) 志愿者在田间清理危险废物

2. 社会和服务行业危险废物的产生特点

1) 废铅蓄电池

2018 年,我国再生铅企业对废铅蓄电池处理量约为 3.6×10^6 t,再生铅产量为 2.25×10^6 t。随着再生铅企业新建或扩建,或原生铅企业、铅蓄电池生产企业增加再生铅业务,再生铅产能持续增加,总体呈明显过剩,且区域分布不均匀。据综合分析测算,与生产原生铅相比,每吨再生铅可节能约 65 kg 标煤,节水 235 m^3,减少固体废物排放 128 t,减少二氧化硫排放 0.03 t。与开发利用原生铅矿资源相比,以 2019 年再生铅产量 $2.23×10^6$ t 为例,相当于节能 $14.495×10^4$ t 标煤,节水 $5.2×10^8$ m^3,减少固体废物排放 $2.85×10^8$ t,减少二氧化硫排放 $6.69×10^4$ t,为实现我国铅工业节能减排目标发挥了重要作用[13]。2015—2019 年我国再生铅产量见表 1-2。

表 1-2　2015—2019 年我国再生铅产量

年　份	2015 年	2016 年	2017 年	2018 年	2019 年
废电池产生量/(10^4 t)	308.67	334.85	376.33	363.78	359.60
精铅产量/(10^4 t)	399.53	423.05	506.30	511.00	—
再生铅产量/(10^4 t)	118.12	139.25	207.93	225.00	222.50
再生铅比例/%	29.56	32.92	41.07	44.03	—

2）废旧荧光灯

根据国家统计局数据显示:2020 年我国荧光灯产量约为 $5.2×10^8$ 只,荧光灯管废弃量约为 $22.3×10^8$ 只($4.46×10^5$ t,含汞量约为 4.05 t[14])。目前,我国的废旧荧光灯回收处于初级阶段[15]。近年来,随着节能灯和 LED 灯具的推广,荧光灯的报废量有所下降,但回收处置量仍不足报废量的 15%,基本处于"吃不饱"的状态。与此同时,大量的废旧荧光灯通过生活垃圾,未经有效处置直接进入垃圾填埋场或焚烧厂处理,造成大量的汞未经处理直接进入环境中,严重影响土壤和地下水,增加环境风险隐患。废旧荧光灯的种类及危害如图 1-13 所示。

为了防止废旧荧光灯未经处理进入环境,一些危废处置企业建设了废旧荧光灯集中回收处置设施,常见的回收方法与特点如图 1-14 所示。

3）废矿物油

废矿物油[16]含有多种毒性物质,一旦大量进入环境中,会破坏生物的正常生活环境,造成生物机能障碍及严重的环境污染。例如,废矿物油污染土壤后由于其黏稠性较大,除了堵塞土壤孔隙及破坏土质外,还能粘在植物根部形成一层黏膜。废矿物油产生途径如图 1-15 所示。

据统计,我国每年产生大量的废矿物油,2013 年我国废矿物油行业产生量约为 $624×10^4$ t,到 2018 年产生量达到了 $731.7×10^4$ t。同时,我国废矿物油的回收利用量也逐年攀升。2013 年我国废矿物油行业回收利用量约为 406.2×

小科普 | 废旧荧光灯管

水银体温计、水银血压计、纽扣电池及荧光灯管中都含有汞，这些物品在正常使用的情况下不会有汞释放。荧光灯管破碎后汞释放到空气、水和土壤中，通过呼吸和接触对人体健康造成危害。我们熟知的水俣病是慢性汞中毒最典型的公害病之一。因此，废旧荧光灯管不能随意丢弃，应安全收集、妥善处置。

✔ 常见的荧光灯管

环状荧光灯   直管荧光灯   节能灯管   节能灯泡

图 1-13   废旧荧光灯种类及危害

| 切端吹扫分离法 | 直接破碎分离法 | 湿法技术 |

废旧荧光灯回收方法

| 总量大 | 来源分散 | 单个产生源量少 |

废旧荧光灯特点

图 1-14   废旧荧光灯的特点与回收方法

废矿物油
WASTE MINERAL OIL

废矿物油

从石油、煤炭、油页岩中提取和精炼，在加工和使用过程中由于受杂质污染、氧化或热分解等外在因素作用导致改变了原有的物理和化学性能，不能继续被使用的矿物油

矿物油

主要是含碳原子数比较少的烃类物质，多数是不饱和烃，主要成分有C15—C36的烷烃、多环芳烃（PAHs）、烯烃、苯系物、酚类等

产生途径

产生于国民经济的各个行业，如：
①工矿企业的设备，以及金属加工业更换的废润滑油、废机油等；
②交通运输工具使用后更换下来的废润滑油、废机油等

图 1-15   废矿物油及产生途径

10^4 t，到 2018 年达到了 552.4×10^4 t（图 1-16）。

目前中国废矿物油回收细分产品中，废润滑油及其工业用油的市场规模占比最高，超过 80%。我国的废矿物油主要分为交通用油和工业用油两大类，两类油品各占 50%左右。交通用油以车用油用量最大，产废量最大。通常车用废油主要在 4S 店和修理厂产生，工业用废油主要在各大工矿企业产生。因此，废矿物

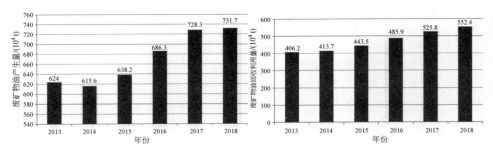

图 1-16 废矿物油的产生量和回收利用量

油来源主要有两类：一是各地汽车 4S 店及修理厂，二是各工矿企业（图 1-17）。

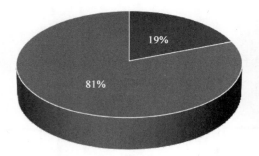

■ 其他废矿物油 ■ 废润滑油及其工艺用油

图 1-17 废矿物油回收利用的组成占比

国外多家石油公司都在积极研发新型的废油回收技术（图 1-18），以避免废矿物油对生态环境造成持续化的污染，我国也在这方面研究投入了大量的精力[17]。

图 1-18 废矿物油资源化利用技术

4）废电路板

电路板（printed circuit boards）是电子工业的基础，是软件与硬件的连接纽带,是任何电子电器设备不可或缺的组成部分。数据显示,废旧电路板占总电子废弃物量的3%～4%[18]。与此同时,世界电路板工业还在急剧增长,作为世界第二大电路板生产国,我国增长率更是达到了14.4%[19]。而且,在电路板生产过程中,还将不可避免地产生大量的边角料和不合格产品。

废旧电路板是电子废物中成分较为复杂、价值相对较高、污染性相对较强的组成部分,它含有大量的有价金属(30%～40%),如铜(约16%)、锡(4%)、铁(3%)、镍(约2%)、锌(约1%)等基本金属,金(0.03%)、银(0.05%)、铂、钯等稀贵金属,以及大量的非金属(提取于不可再生的石油资源),如树脂等[20-24](图1-19)。

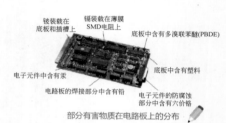

图 1-19　废旧电路板

这些有毒有害物质大部分都具有生物累积性和环境持久性[25],会对人体健康产生极其严重的危害[26-27]。

3. 医疗废物的产生特点

2021年11月,我国发布《医疗废物分类目录(2021年版)》[28],将医疗废物分为五大类,并增加了医疗废物分类原则、推荐收集方式及豁免管理等要求,见表1-3。医疗废物的分类收集应当根据其特性和处置方式进行,并与当地医疗废物处置的方式相衔接。在保证医疗安全的情况下,鼓励医疗卫生机构逐步减少使用含汞血压计和体温计,鼓励使用可复用的医疗器械、器具和用品替代一次性医疗器械、器具和用品,以实现源头减量。

表 1-3 医疗废物分类目录

类别	特征	常见组分或废物名称	推荐收集方式
感染性废物	携带病原微生物的具有引发感染性疾病传播危险的废物	1. 被患者血液、体液、排泄物等污染的除锐器以外的废物。 2. 病原微生物实验室废弃的病原体培养基、标本和菌种、毒种保存液及其容器,其他实验室及科室废弃的血液、血清、分泌物等标本和容器;实验室操作中产生的具有感染性的废物。 3. 医疗机构收治的隔离的确诊、疑似及突发原因不明的传染病患者产生的生活垃圾。 4. 使用后废弃的一次性使用医疗器械,如注射器、输液器、透析器等	1. 收集于符合《医疗废物专用包装袋、容器和警示标志标准》的医疗废物包装袋中。 2. 病原微生物、实验室废弃的病原体培养基、标本和菌种、毒种保存液及其容器,应当在产生地点进行压力蒸汽灭菌、化学消毒处理或者微波消毒等处理,然后按感染性废物收集处理。 3. 隔离的确诊、疑似及突发原因不明的传染病患者产生的感染性废物应当使用双层医疗废物包装袋,并及时分层密封
病理性废物	诊疗过程产生的人体废弃物和医学实验动物尸体等	1. 手术及其他医学服务过程中产生的废弃的人体组织、器官。 2. 病理切片后废弃的人体组织、病理蜡块。 3. 废弃的医学实验动物的组织和尸体。 4. 16 周胎龄以下或重量不足 500 克的胚胎组织等。 5. 患有确诊、疑似及突发原因不明传染病或携带传染病病原体的产妇的胎盘	收集于符合《医疗废物专用包装袋、容器和警示标志标准》的医疗废物包装袋中;进行防腐或低温保存
损伤性废物	能够刺伤或者割伤人体的废弃的医用锐器	1. 废弃的金属类锐器,如医用针头、缝合针、针灸针、探针、穿刺针、解剖刀、手术刀、手术锯、备皮刀和钢钉等。 2. 废弃的玻璃类锐器,如盖玻片、载玻片、破碎的玻璃试管、细胞毒性药物和遗传毒性药物的玻璃安瓿等。 3. 废弃的其他材质类锐器	收集于符合《医疗废物专用包装袋、容器和警示标志标准》的利器盒中。 利器盒达到 3/4 满时,应当封闭严密,按流程运送、暂存

续表

类别	特征	常见组分或废物名称	推荐收集方式
药物性废物	过期、淘汰、变质或者被污染的废弃的药物	1. 废弃的一般性药物。 2. 废弃的细胞毒性药物和遗传毒性药物。 3. 废弃的疫苗及血液制品。 列入《国家危险废物名录》中的废弃危险化学品,如甲醛、二甲苯等;非特定行业来源的危险废物,如含汞血压计、含汞体温计等	少量的药物性废物可以并入感染性废物,应当在标签上注明。 批量废弃的药物性废物,收集后交由有资质的机构处置
化学性废物	具有毒性、腐蚀性、易燃易爆性的废弃的化学物品		收集后交由有资质的机构处置

医疗废物产生量排在前三位的省是广东、四川、浙江。196 个大、中城市中,医疗废物产生量居前 10 位的城市见图 1-20。2019 年医疗废物产生量最大的是上海市,产生量为 55713 t,其次是北京、广州、杭州和成都,产生量分别为 42800 t、27300 t、27000 t 和 25265.8 t。前 10 位城市产生的医疗废物总量为 27.7×10^4 t,占全部信息发布城市产生总量的 32.9%。

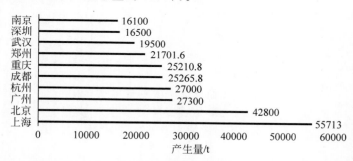

图 1-20　2019 年大、中城市医疗废物产生量居前 10 位的城市医疗废物产生量

2019 年,196 个大、中城市医疗废物产生量为 84.3×10^4 t,产生的医疗废物都得到了及时妥善处置(图 1-21)。

在《医疗废物豁免管理清单》中,满足相应的条件时,医疗废物可以在所列的环节按照豁免内容的规定实行豁免管理,见表 1-4。重大传染病疫情等突发事件产生的医疗废物,可按照县级以上人民政府确定的工作方案进行收集、贮存、运输和处置等。

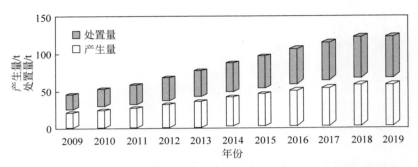

图 1-21　2009—2019 年重点城市及模范城市的医疗废物产生及处置情况

表 1-4　医疗废物豁免管理清单

名称	豁免环节	豁免条件	豁免内容
床位总数在 19 张以下（含 19 张）的医疗机构产生的医疗废物	运输（包括运送和转运）	按规定分类收集后	运送或转运过程不按照医疗废物管理
药瓶（青霉素瓶、安瓿瓶等）	全部环节	1. 未被患者的血液、体液及排泄物污染。 2. 盛装非细胞毒性、非遗传毒性药物的药瓶。 3. 包装容器满足防渗透、防刺破要求	全过程不按照医疗废物管理
配药的注射器	全部环节	1. 非细胞毒性、非遗传毒性药物配药使用。 2. 回收利用满足闭环安全管理	全过程不按照医疗废物管理
棉签、棉球	全部环节	患者个人因消毒、按压止血而未按照医疗废物分类收集	全过程不按照医疗废物管理
使用后的消毒剂，如废弃的戊二醛、邻苯二甲醛等	全部环节	进入医疗机构内污水处理系统处理且满足排放标准要求	全过程不按照医疗废物管理
盛装消毒剂、透析液、医学检验试剂等的容器	全部环节	回收利用满足闭环安全管理	全过程不按照医疗废物管理
非传染病病区废弃的医用织物	全部环节	经过无害化处理后	全过程不按照医疗废物管理

4. 农业源危险废物的产生特点

农药废弃物是农业源污染的重要组成部分。我国是农药生产和使用大国，一年所需的农药包装物高达 10 亿个（件）[29]。据调查，农药废弃包装物中塑料制品所占比例最高,为80%,其次是玻璃制品,所占比例为12%,铝箔袋所占比例为7%,所占比例最少是纸袋、金属瓶,约为1%[30],随着2014年后农药产量逐渐下降(图1-22),废弃的农药包装废弃物也相应减少。但绝大多数仍被随意丢弃于农田中,成为农村环境污染的重要来源,严重威胁农村环境安全、水体生态安全和农民健康,国家对农业废弃物管理规定如图1-23所示。

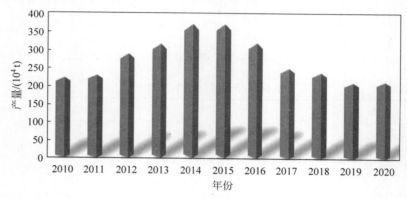

图1-22　中国2010—2020年化学农药(原药)产量

农业废弃物管理

1.《国家危险废物名录》的规定:
　　含有或沾染毒性、感染性危险废物的废弃包装物、容器、过滤吸附介质属于危险废物,村、镇农户分散产生的农药废弃包装物的收集过程不按危险废物管理。

2.《农药包装废弃物回收处理管理办法》规定:
　　进入集中贮存场所前分散产生的农药包装废弃物不按危险废物管理,集中贮存场所的农药包装废弃物按危险废物管理。

3.《农药管理条例》第三十七条的规定:
　　农药生产企业、农药经营者应当回收农药废弃物,防止农药污染环境和农药中毒事故的发生。

4.《农药包装废弃物回收处理管理办法》规定:
　　农药生产者(含向中国出口农药的企业)、经营者应当履行农药包装废弃物回收义务。

图1-23　农业废弃物管理规定

1.2　危险废物的鉴别、特性与环境影响

1.2.1　危险废物的鉴别与判定规则

危险废物具有毒性、腐蚀性、易燃性、化学反应性、传染性或放射性中一种

或者几种危险特性,以及可能对生态环境或者人体健康造成有害影响的特征。具有下列情形之一的固体废物(包括液态废物)为危险废物:①具有毒性、腐蚀性、易燃性、反应性或者感染性中一种或者几种危险特性的;②不排除具有危险特性,可能对生态环境或者人体健康造成有害影响,需要按照危险废物进行管理的;③危险废物与其他物质混合后的固体废物,以及危险废物利用处置后的固体废物的属性判定,按照国家规定的危险废物鉴别标准执行。

1. 固体废物的判定规则

依据法律规定,判断待鉴别的物品、物质是否属于固体废物,不属于固体废物的,则不属于危险废物。经判断属于固体废物的,则首先依据《国家危险废物名录》鉴别。凡列入《国家危险废物名录》的固体废物,属于危险废物,不需要进行危险特性鉴别。未列入《国家危险废物名录》,但不排除具有腐蚀性、毒性、易燃性、反应性的固体废物,依据 GB 5085.1、GB 5085.2、GB 5085.3、GB 5085.4、GB 5085.5 和 GB 5085.6,及 HJ 298 进行鉴别。凡具有腐蚀性、毒性、易燃性、反应性中一种或一种以上危险特性的固体废物,属于危险废物。对未列入《国家危险废物名录》且根据危险废物鉴别标准无法鉴别,但可能对人体健康或生态环境造成有害影响的固体废物,由国务院生态环境主管部门组织专家认定。

2. 危险废物混合后的判定规则

具有毒性、感染性中一种或两种危险特性的危险废物与其他物质混合,导致危险特性扩散到其他物质中,混合后的固体废物属于危险废物。

仅具有腐蚀性、易燃性、反应性中一种或一种以上危险特性的危险废物与其他物质混合,混合后的固体废物经鉴别不再具有危险特性的,不属于危险废物。

危险废物与放射性废物混合,混合后的废物应按照放射性废物管理。

3. 危险废物利用处置后判定规则

仅具有腐蚀性、易燃性、反应性中一种或一种以上危险特性的危险废物利用过程和处置后产生的固体废物,经鉴别不再具有危险特性的,不属于危险废物。

具有毒性危险特性的危险废物利用过程产生的固体废物,经鉴别不再具有危险特性的,不属于危险废物。除国家有关法规、标准另有规定的外,具有毒性危险特性的危险废物处置后产生的固体废物,仍属于危险废物。

除国家有关法规、标准另有规定的外,具有感染性危险特性的危险废物利用处置后,仍属于危险废物。

1.2.2　危险废物的污染特点与环境影响

1. 环境污染特性

根据危险废物具有腐蚀性、毒性、易燃性、反应性及感染性等特点,危险废物环境污染的特点主要有:

（1）复杂性

由于满足上述特点之一的固体废物即为危险废物,而且危险废物产生源涵盖生产生活的各个方面、各个领域,导致危险废物种类繁多、性质各异,其污染环境的过程可能会经过转化、代谢、富集等各种方式而变得非常复杂。

（2）滞后性

危险废物属于固体废物,以固态形式存在的有害物质向环境中的扩散速率相对比较缓慢,达到污染危害标准需要经过数年甚至数十年后才能显现出来。一旦发生环境的污染,所造成的损害是持续不断的,不会因为危险废物的停止排放而立即消除。

（3）不可恢复性

危险废物对生态系统的破坏是不可逆的,有些危险废物若处理处置不当或在发生环境污染后,因治理难度大、费用高或者现有技术无法治理,导致生态恢复缓慢或者无法恢复,会对生态系统造成长期影响。例如,重金属对土壤和水体的污染是不可逆的。

2. 危险废物污染对环境的影响

（1）水体污染

危险废物中含有大量的有害物质,这些有害物质会随着降雨和地下水的作用渗入地下水和地表水中污染水体。水体污染除了对水生生物和人类健康造成影响外,还会对水资源的利用造成影响。

（2）土壤污染

危险废物以粉末、细小颗粒的形式落在土壤表面,之后进入土壤中产生污染;液态、半固态中的危险废物在放置时或废弃后散落在地面,逐渐渗透入泥土中造成污染。填埋是危险废弃物处理中最常用的方式之一,这些有害物质会随着降雨和地下水的作用渗入土壤中,对植物生长和土地利用造成影响,同时还会对地下水和地表水造成污染。

（3）大气污染

随着温度、湿度等环境变化,一些自身具有挥发、升华等物理性质的危险废物在进行物质转化过程中释放出的有害气体会对空气造成污染。此外，危险废物中较小的颗粒、粉末随风飘散到空气中也会对空气造成污染。焚烧是危险废物处理中常用的方式之一，焚烧废弃物时，有机物质燃烧产生二氧化碳、一氧化碳、氮氧化物等有害气体，同时还会产生大量的灰渣和废气。这些废气中含有大量的有害物质，如二噁英、苯、重金属等，对大气环境和人类健康造成严重危害。

1.3　危险废物的收集、运输与贮存

1.3.1　危险废物收集、运输与贮存的要求

1. 中国现行法律法规对危险废物收集、贮存与运输的要求

我国《固体废物污染环境防治法》（简称《固废法》）规定："收集危险废物必须按照危险废物特性分类进行，禁止混合收集性质不相容而未经安全性处置的废物。产生危险废物的单位必须按照国家规定，向环境保护管理部门进行申报登记。对产生的危险废物要及时将种类、数量、危害特性等进行登记、造册，按照危险废物的危险特性、处理处置方法管理。及时或定期送交危险废物利用、处理、处置单位。""转移危险废物时，要填写环保部门统一印制的《危险废物转移联单》，按程序移交联单，并将自己留存的联单保管好，以备查验。危险废物必须交给经市环境主管部门批准，并持有《危险废物经营许可证》的单位进行收集、贮存、处置。"根据《固废法》，危险废物的收集、贮存、运输是进行固体废物污染控制的主要环节，无论在管理和技术方面都必须严格遵守国家有关法律、法规和标准，确保危险废物收集、贮存和运输过程安全可靠。

另外，我国对危险废物的经营许可问题进行了规定，根据《危险废物经营许可证管理办法》，在中华人民共和国境内从事危险废物收集、贮存、处置经营活动的单位，应当依照此办法的规定，领取危险废物经营许可证。危险废物经营许可证按照经营方式，分为危险废物收集、贮存、处置综合经营许可证和危险废物收集经营许可证。该制度对申请领取危险废物收集、贮存、处置综合经营许可证应当具备的条件、审批程序和申办单位条件等进行了规定。

危险废物运输方面，我国还没有统一的专门针对危险废物运输的标准和规范，主要参照执行交通部门关于危险货物的有关规定。但是关于危险废物的转移问题，我国于 1999 年 10 月 1 日颁布实施了《危险废物转移联单管理办法》（以下简称《办法》），该办法旨在防止危险废物转移造成环境污染，提出转移危险废物必须按照国家有关规定填写危险废物转移联单，并向危险废物移出地的县级以上地方人民政府环境保护行政主管部门报告。也提出要对我国危险废

物的转移进行规范,对危险废物的产生单位、运输单位、接受单位及危险废物移出地和接受地环境保护主管部门在实施危险废物转移过程中的主要责任和管理内容进行了规定。我国危险废物转移联单分为五联,加上另加两个副联共七联,两个副联是供移出地环保行政主管部门和危险废物产生单位进行转移前后对比,衡量转移是否成功的依据;对危险废物产生单位、运输单位、接受单位在危险废物转移过程中的五种违法行为做出了具体的行政处罚规定。

从事危险废物收集、贮存、处置经营活动的单位应具有危险废物经营许可证。在收集、贮存、处置危险废物时,应根据危险废物收集、贮存、处置经营许可证核发的有关规定建立相应的规章制度和污染防治措施,包括危险废物分析管理制度、安全管理制度、污染防治措施等;危险废物产生单位内部自行从事的危险废物收集、贮存、处置活动应遵照国家相关管理规定,建立健全规章制度及操作流程,确保该过程的安全、可靠。

危险废物转移过程应按《危险废物转移联单管理办法》执行。危险废物收集、贮存、运输过程中一旦发生意外事故,收集、贮存、运输单位及相关部门应根据风险程度采取如下措施:①设立事故警戒线,启动应急预案,并按《环境保护行政主管部门突发环境事件信息报告办法(试行)》(环发〔2006〕50号)要求进行报告。②若造成事故的危险废物具有剧毒性、易燃性、爆炸性或高传染性,应立即疏散人群,并请求环境保护、消防、医疗、公安等相关部门支援。③对事故现场受到污染的土壤和水体等环境介质应进行相应的清理和修复。④清理过程中产生的所有废物均应按危险废物进行管理和处置。⑤进入现场清理和包装危险废物的人员应受过专业培训,穿着防护服,并佩戴相应的防护用具。

危险废物收集、贮存、运输时应按毒性、易燃性、爆炸性、腐蚀性、化学反应性和传染性等危险特性对危险废物进行分类、包装并设置相应的标志及标签。

2. 危险废物的规范收集

危险废物产生单位进行的危险废物收集包括两个方面:一是在危险废物产生节点将危险废物集中到适当的包装容器中或运输车辆上的活动;二是将已包装或装到运输车辆上的危险废物集中到危险废物产生单位内部临时贮存设施的内部转运。

危险废物的收集应根据危险废物产生的工艺特征、排放周期、危险废物特性、废物管理计划等因素制定收集计划。收集计划应包括收集任务概述、收集目标及原则、危险废物特性评估、危险废物收集量估算、收集作业范围和方法、收集设备与包装容器、安全生产与个人防护、工程防护与事故应急、进度安排与组织管理等。

危险废物的收集应制定详细的操作规程,内容至少应包括适用范围、操作程序和方法、专用设备和工具、转移和交接、安全保障和应急防护等。危险废物收集和转运作业人员应根据工作需要配备必要的个人防护装备,如手套、防护镜、防护服、防毒面具或口罩等。在危险废物的收集和转运过程中,应采取相应的安全防护和污染防治措施,包括防爆、防火、防中毒、防感染、防泄漏、防飞扬、防雨或其他防止污染环境的措施。

危险废物收集时应根据危险废物的种类、数量、危险特性、物理形态、运输要求等因素确定包装形式,具体包装应符合如下要求:①包装材质要与危险废物相容,可根据废物特性选择钢、铝、塑料等材质。②性质类似的废物可收集到同一容器中,性质不相容的危险废物不应混合包装。③危险废物包装应能有效隔断危险废物迁移扩散途径,并达到防渗、防漏要求。④包装好的危险废物应设置相应的标签,标签信息应填写完整翔实。⑤包装袋或包装容器破损后应按危险废物进行管理和处置。⑥危险废物包装除应符合上述要求外,还应根据GB 12463 的有关要求进行运输包装。含多氯联苯废物的收集除应执行本标准之外,还应符合 GB 13015 的污染控制要求。

危险废物的收集作业应满足如下要求:①应根据收集设备、转运车辆及现场人员等实际情况确定相应作业区域,同时要设置作业界限标志和作业警示牌。②作业区域内应设置危险废物收集的专用通道和人员避险通道。③收集时应配备必要的收集工具和包装物,以及必要的应急监测设备及应急装备。④危险废物收集应填写记录表,并将记录表作为危险废物管理的重要档案妥善保存。⑤收集结束后应清理和恢复收集作业区域,确保作业区域环境整洁安全。⑥收集过危险废物的容器、设备、设施、场所及其他物品转作他用时,应考虑实施污染消除措施,确保其使用安全。

危险废物内部转运作业满足如下要求:①危险废物内部转运应综合考虑厂区的实际情况确定转运路线,宜尽量避开办公区和生活区。②危险废物内部转运作业应采用专用的工具,危险废物内部转运应填写《危险废物厂内转运记录表》。③危险废物内部转运结束后,应对转运路线进行检查,确保无危险废物遗失在转运路线上,并对转运工具进行清洗。

危险特性不会对环境和操作人员造成重大危害,且收集时不具备运输包装条件的危险废物,可在临时包装后进行暂时贮存,但正式运输前应按本标准要求进行包装。危险废物收集前应进行放射性检测,如具有放射性则应按《放射性废物管理规定》(GB 14500)进行收集和处置。

3. 危险废物的规范化贮存

目前我国对于危险废物的贮存方式主要有两种:对于贮存量较大的危险废

物一般都有专门的贮存设施或场所,这些设施的投资大小不一,有的采取了一定的防污染措施,如砌墙、筑坝、水封等措施以防扬尘、防渗、防雨等;也有的直接利用厂区内空地进行露天堆放。对于贮存量较小的危险废物,多数都是以桶装、池封或袋装的形式贮存于库房或厂区内,一部分具有"三防"的功能。被贮存的危险废物都具有一个共同特点,即在目前的情况下没有办法利用或没有办法完全进行利用,又不能进行处置或完全进行处置,而且由于管理要求,也不允许排放,因此就只能暂时贮存下来。但由于目前还缺乏统一的危险废物贮存管理制度和贮存设施技术规范,而针对现行贮存标准的贯彻落实也缺乏必要的监督管理手段和方法,致使贮存的方式多种多样,并且贮存点分散,贮存废物的安全性也很难得到保证。由于危险废物的特殊性质,在这样一种不稳定状态下临时贮存具有极大的危险性。

危险废物贮存可分为产生单位内部贮存、中转贮存及集中性贮存。所对应的贮存设施分别为:产生危险废物的单位用于暂时贮存的设施;拥有危险废物收集经营许可证的单位用于临时贮存废矿物油、废镍镉电池的设施;危险废物经营单位所配置的贮存设施。

危险废物贮存设施的选址、设计、建设、运行管理应满足 GB 18597、GBZ 1 和 GBZ 2 的有关要求。危险废物贮存设施应配备通信设备、照明设施和消防设施。贮存危险废物时应按危险废物的种类和特性进行分区贮存,每个贮存区域之间宜设置挡墙间隔,并应设置防雨、防火、防雷、防扬尘装置。贮存易燃易爆危险废物应配置有机气体报警、火灾报警装置和导出静电的接地装置。

废弃危险化学品贮存应满足 GB 15603《危险化学品仓库储存通则》《危险化学品安全管理条例》《废弃危险化学品污染环境防治办法》的要求。贮存废弃剧毒化学品还应充分考虑防盗要求,采用双钥匙封闭式管理,且有专人 24 小时看管。

危险废物贮存期限应符合《中华人民共和国固体废物污染防治法》的有关规定。危险废物贮存单位应建立危险废物贮存的台账制度,危险废物出入库交接记录内容应参照本标准附录 C 执行。

危险废物贮存设施应根据贮存的废物种类和特性按照 GB 18597 附录 A 设置标志。危险废物贮存设施的关闭应按照 GB 18597《危险废物贮存污染控制标准》和《危险废物经营许可证管理办法》的有关规定执行。

4. 危险废物贮存的污染防治技术

(1)固体、液体废物的扩散阻断及回取收集技术

目前针对固态危险废物的散落及泄漏的污染防治,主要包括在危险废物贮存库和周围地面的建设上所采用的危险废物扩散阻隔技术,如设置围堰、裙脚、

隔断,库区地面进行严格防渗处理,输送通道采用特殊材料防护等;同时强化对危险废物包装容器材质、机械强度、形状、尺寸等的技术要求。针对液态危险废物泄漏的污染防治,主要是在贮存区设置防渗漏收集槽、池或设置防渗围堰。露天场地在硬覆盖的四周建设防渗的排水沟,收集可能排出的液体废物。对于液体危险废物小包装容器和集中存放液体废物的大型容器,均有严格的技术要求。

（2）有毒有害气体的收集、净化技术

封闭式贮存库内的空气中有毒有害气体收集净化,主要是保持库体的整体封闭性,在库房内合理布置排风系统和气体的抽排点位,使库房在微负压条件下运行。气体排放端设置高效气体净化装置,包括采用布袋除尘器等除尘装置和活性炭过滤等气体净化装置。对于开放式库房或未设置气体通风净化装置的封闭式库房,则在选址时应充分考虑有毒有害气体无组织排放的安全防护距离和所选场址的主导风向。此类贮存设施应严格限制易产生有毒有害气体排放的废物入库种类和数量。

（3）有毒有害气体排放的在线监控预警技术

采用有毒有害气体（有组织和无组织）在线监控预警装置是贮存库污染防治重要技术措施之一,在线监控预警措施由实时监测、超标预警、连锁控制、应急处理等几个主要技术内容组成,各方面又是相互关联的。实时监测是基础,根据采用的相应传感器材、检测仪器选择相应的监控参数,获取动态的安全状态信息。在现场设立监控预警系统（一个工作站）,监控参数通过数据采集装置转换成计算机能够识别的数据信号,通过工作站可观察现场监测点的实时数据。一旦参数有异常,操作人员可通过自动控制装置进行调节。

5. 危险废物的安全运输

危险废物运输应由持有危险废物经营许可证的单位按照其许可证的经营范围组织实施,承担危险废物运输的单位应获得交通运输部门颁发的危险货物运输资质。废弃危险化学品的运输应执行《危险化学品安全管理条例》有关运输的规定。运输单位承运危险废物时,应在危险废物包装上按照 GB 16897 附录 A 设置标志,其中医疗废物包装容器上的标志应按 HJ 421 要求设置。

危险废物公路运输应按照《道路危险货物运输管理规定》（交通部令〔2005年〕第 9 号）、JT 617 及 JT 618 执行;危险废物铁路运输应按《铁路危险货物运输管理规则》（铁运〔2006〕79 号）规定执行;危险废物水路运输应按《水路危险货物运输规则》（交通部令〔1996 年〕第 10 号）规定执行。危险废物公路运输时,运输车辆应按 GB 13392 设置车辆标志。铁路运输和水路运输危险废物时应在集装箱外按 GB 190 规定悬挂标志。

危险废物运输时的中转、装卸过程应遵守如下技术要求：①卸载区的工作人员应熟悉废物的危险特性，并要配备适当的个人防护装备，装卸剧毒废物应配备特殊的防护装备。②卸载区应配备必要的消防设备和设施，并设置明显的指示标志。③危险废物装卸区应有永久性或临时性的隔离设施，液态废物卸载区应设置收集槽和缓冲罐。

制作危险废物二维码标签的步骤如图 1-24～图 1-26 所示。

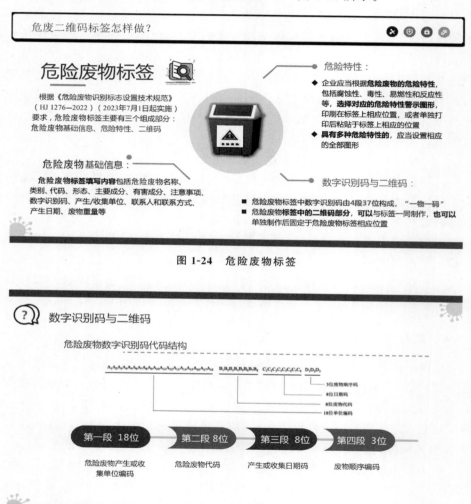

图 1-24　危险废物标签

图 1-25　危险废物数字识别

● 第一步：确定数字识别码

$A_1A_2A_3A_4A_5A_6A_7A_8A_9A_{10}A_{11}A_{12}A_{13}A_{14}A_{15}A_{16}A_{17}A_{18}$

$B_1B_2B_3B_4B_5B_6B_7B_8C_1C_2C_3C_4C_5C_6C_7C_8D_1D_2D_3$

● 第二步：

点击（菜单栏）文件-选项-自定义功能区-开发工具-确定

● 第三步：

点击(菜单栏)开发工具-插入-其他控件-Microsoft BarCode Control 15.0(末尾可能是14.0~16.0，无影响)，确定后鼠标变为"十字"，此时在界面任意位置按住鼠标左键拖一个框出来，会出现一个条形码

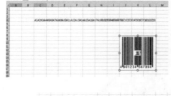

● 第四步：

右击条形码-属性-自定义-式样选择11,LinkedCell选择数字识别码所在表格位置(图中为C4)

图 1-26 危险废物二维码制作过程

1.3.2 医疗废物的收集、转运、贮存

1. 收集

医疗废物处理处置单位收集的医疗废物包装应符合《医疗废物专用包装袋、容器和警示标志标准》（HJ 421—2008）的要求。处理处置单位应采用周转箱/桶收集、转移医疗废物，并应执行危险废物转移联单管理制度。

包装袋技术要求：包装袋在正常使用情况下，不应出现渗漏、破裂和穿孔。采用高温热处理技术处置医疗废物时，包装袋不应使用聚氯乙烯材料。包装袋容积大小应适中，便于操作，配合周转箱（桶）运输。医疗废物包装袋的颜色为淡黄色，包装袋的明显处应印制警示标志和警告语。包装袋外观质量应是表面基本平整、无皱褶、污迹和杂质，无划痕、气泡、缩孔、针孔及其他缺陷。

利器盒技术要求：利器盒整体为硬质材料制成，封闭且防刺穿，以保证在正常情况下，利器盒内盛装物不撒漏，并且利器盒一旦被封口，在不破坏的情况下无法被再次打开。采用高温热处理技术处置损伤性废物时，利器盒不应使用聚氯乙烯材料。利器盒整体颜色为淡黄色，利器盒侧面明显处应印制警示标志和警告语，警告语为"警告！损伤性废物"。满盛装量的利器盒从 1.2 m 高处自由跌落至水泥地面，连续 3 次,不会出现破裂、被刺穿等情况。利器盒的规格尺寸根据用户要求确定。

周转箱(桶)技术要求:周转箱(桶)整体应防液体渗漏,应便于清洗和消毒。周转箱(桶)整体为淡黄色,箱体侧面或桶身明显处应印(喷)制警示标志和警告语。周转箱整体装配密闭,箱体与箱盖能牢固扣紧,扣紧后不分离。表面光滑平整,完整无裂损,没有明显凹陷,边缘及提手无毛刺。周转箱的箱底和顶部有配合牙槽,具有防滑功能。

标志和警告语:按照《中华人民共和国环境保护行业标准》(HJ 421—2008)的

图 1-27　带警告语的警示标志

要求,警示标志的形式为直角菱形,警告语应与警示标志组合使用,样式如图 1-27 所示。带有警告语的警示标志的底色为包装袋和容器的背景色,边框和警告语的颜色均为黑色,长宽比为 2∶1,其中宽度与警示标志的高度相同。警示标志和警告语的印刷质量要求油墨均匀;图案、文字清晰、完整;套印准确,套印误差应不大于 1 mm。

2. 运输

医疗废物运输使用车辆应符合《医疗废物转运车技术要求(试行)》(GB 19217—2003)的要求。运输过程应按照规定路线行驶,行驶过程中应锁闭车厢门,避免医疗废物丢失、遗撒。

车厢容积:可按医疗废物装载密度 200 kg/m³ 设计车厢容积,并要求满载后车厢容积留有 1/4 的空间不装载,以利于内部空气循环,便于消毒和冷藏降温。应当按照最大允许装载质量和医疗废物装载密度计算限制装载线高度,并在车厢侧壁予以标识。

车厢内部尺寸的设计:周转箱外形推进尺寸(长×宽×高)为:600 mm×500 mm×400 mm。车厢内部尺寸应参照周转箱外形尺寸和车辆装载质量要求进行设计。

车厢性能:车厢应具有良好的密封性能、隔热性能,符合液体防渗和排出要求。

医疗废物转运车在铁路(或水路)运输时应以自驶(或拖拽)方式上下车(船),若必须用吊装方式装卸时,应防止损伤产品。

医疗废物转运车停用时,应将车厢内、外进行彻底消毒、清洗、晾干,锁上车厢门和驾驶室,停放在通风、防潮、防暴晒、无腐蚀气体侵害的场所。

车辆报废时,车厢部分应进行严格消毒后再进行废物处理。

3. 接收

按照《医疗废物处理处置污染控制标准》(GB 39707—2020)的要求,医疗废物处理处置单位应设置计量系统。处理处置单位应划定卸料区,卸料区地面防渗应满足国家和地方有关重点污染源防渗要求,并应设置废水导流和收集设施。

4. 贮存

按照《医疗废物处理处置污染控制标准》(GB 39707—2020)的要求,医疗废物处理处置单位应设置感染性、损伤性、病理性废物的贮存设施;若收集化学性、药物性废物还应设置专用贮存设施。贮存设施内应设置不同类别医疗废物的贮存区。贮存设施地面防渗应满足国家和地方有关重点污染源防渗要求。墙面应做防渗处理,感染性、损伤性、病理性废物贮存设施的地面、墙面材料应易于清洗和消毒。贮存设施应设置废水收集设施,收集的废水应导入废水处理设施。感染性、损伤性、病理性废物贮存设施应设置微负压及通风装置、制冷系统和设备,排风口应设置废气净化装置。医疗废物不能及时处理处置时,应置于贮存设施内贮存。感染性、损伤性、病理性废物应盛装于医疗废物周转箱/桶内一并置于贮存设施内暂时贮存。处理处置单位对感染性、损伤性、病理性废物的贮存应符合以下要求:①贮存温度≥5℃,贮存时间不得超过 24 小时;②贮存温度<5℃,贮存时间不得超过 72 小时;③偏远地区贮存温度<5℃,采取消毒措施时,可适当延长贮存时间,但不得超过 168 小时。化学性、药物性废物贮存应符合《危险废物贮存污染控制标准》(GB 18597—2001)的要求。

1.3.3 危险废物的预处理

预处理技术就是在最终处置前,对某种废物运用多种处理技术实施预处理,进而对危险废物的化学和物理性质进行改变,如消除有毒成分、减少容积、稳定化等。

1. 物理法

危险废物的物理处置是指改变危险废物的物理化结构,使之成为便于运输、贮存、利用或处置的形态,包括电渗析、分离、吸附、浮选、过滤、絮凝、反渗透等方法。物理法的主要目的是减少危险废物的体积,生成的浓缩残渣需进一步处理。

(1) 压实

对危险废物压实处理的目的一是减少其容积,便于装卸和运输;二是制取高密度惰性块料,便于贮存或处理处置。

（2）破碎

破碎的目的是把废物破碎成小块或粉状小颗粒，以利于分选有用或有毒有害的物质。固体废物的破碎方式有机械破碎和物理法破碎两种。机械破碎是指借助各种破碎机械对固体废物进行破碎。物理法破碎有低温冷冻破碎和超声波破碎等。低温冷冻破碎的原理是利用一些固体废物在低温（－60～－120℃）条件下脆化的性质而达到破碎的目的，可用于废塑料及其制品、废橡胶及其制品、废电线（塑料或橡胶被覆）等的破碎。

（3）分选

分选指将有用的成分分选出来加以利用，并将有毒有害的成分分离出来。根据物料的物理性质或化学性质（包括粒度、密度、重力、磁性、电性、弹性等），分别采用不同的分选方法，包括人工手选、筛分、风力分选、淘汰机、浮选、磁选、电选等分选技术。由于危险废物所具有的特殊性质，常规的物理处理方法只能针对某些特定的危险废物使用，且大多是进行深度处理处置前的预处理。

（4）萃取

萃取指溶液与对杂质有更高亲和力的另一种互不相溶的液体相接触，使其中某种成分分离出来的过程。

2. 化学法

危险废物的化学处理是指采用化学方法改变危险废物的化学成分，将其变成无害物质，减少危害性，或变成可进一步处理、处置的物质。包括氧化还原、萃取、水解、光分解、中和等措施，这是危险废物最终处置前常用的预处理措施。

（1）絮凝沉降

絮凝是将悬浮于液态介质中的微小、不沉降的微粒凝聚成较大、更易沉降的颗粒的过程。絮凝过程可归纳为两个连续的过程：第一步是产生必不可少的与表面有关的力，使其在化学上失稳，这使微粒在接触时能黏在一起；第二步是不排斥粒子间的化学桥连和物理结网，这个过程形成大颗粒。

（2）化学氧化还原

氧化还原是一个化学反应过程，在这个过程中，一个或多个电子从还原剂上转移到引发这种转移过程的氧化剂上。通过改变废物的化学性质，将其转化成无毒无害化学物质。例如，氰化物废水可方便地用化学氧化法处理。在存在铬酸盐废物的场合，这种废物可用作氧化剂，也可以用于将六价铬还原成毒性低得多的三价铬。

（3）酸碱中和

酸碱中和是将酸性或碱性废液的 pH 值调至接近中性的过程，通常将 pH

值调至 6～9 的范围。酸碱废水中和可采用多种方法,如将酸、碱废水混合,使 pH 值接近中性;酸性废水通过石灰石固定床;将石灰乳与酸性废水混合;将浓碱液(如氢氧化钠或者纯碱)加入酸性废水;在碱性废水中通入锅炉烟道废气;在碱性废水中通入压缩的 CO_2 气体;在碱性废水中加酸(如硫酸或盐酸)。应根据废水的特性及后处理步骤或用途选择合适的中和方法。

3. 生物法

生物处理技术是指通过生物对废物中含有的有机物实施处理,减少其含量,一般有机废液、废水会采取该方法,包括多种技术,如堆肥、好氧工艺等。

4. 固化/稳定化

固化是指在危险废物中添加固化剂,使其转变为不可流动固体或形成紧密固体的过程。固化的产物是结构完整的整块密实固体,这种固体可以以方便的尺寸进行运输,而无须任何辅助容器。

稳定化是指将有毒有害污染物转变为低溶解性、低迁移性及低毒性的物质的过程。稳定化一般可分为化学稳定化和物理稳定化:化学稳定化是指通过化学反应使有毒有害化学物质变成不溶性化合物,使之在稳定的晶格内固定不动;物理稳定化是指将污泥或半固体物质与一种疏松物料(如粉煤灰)混合生成一种粗颗粒的具有土壤状坚实度的固体,这种固体可以用运输机械送至处置场。实际操作中,这两种过程是同时发生的。

根据固化基材及固化过程,目前常用的固化/稳定化方法主要包括水泥固化、石灰固化、塑料固化、自胶结固化和药剂稳定化。

第2章

中国危险废物"无废"管理现状

2.1 中国危险废物的环境管理现状

2.1.1 中国危险废物的环境管理制度与标准规范

中国危险废物的环境管理工作始于 20 世纪 80 年代[31-32]。经过二十多年的实践,对危险废物的环境管理逐步形成了以《固体废物污染环境防治法》《危险废物转移联单管理办法》《危险废物经营许可证管理办法》等政策法规为基础的一系列针对性的管理制度和管理要求等管理体系[33](图 2-1),并建立了危险

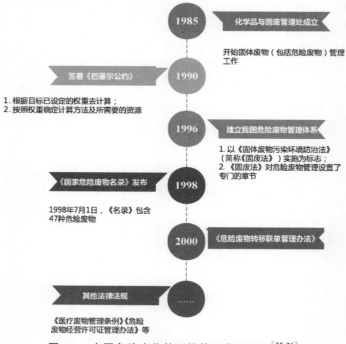

图 2-1 中国危险废物的环境管理发展历程[35-36]

废物鉴别、管理计划、转移联单、申报登记、危险废物许可、经营情况报告、应急预案、标识识别、出口核准等制度,制定了危险废物贮存、焚烧、填埋等一系列标准和技术指南,涵盖了危险废物产生、贮存、运输、转移、利用、处置的全过程[34]。表 2-1 列出了中国现行主要危险废物管理法律法规,同时为加强对危险废物的管理控制与治理,制定发布了一系列以标准、技术规范为主的管理标准体系,表 2-2 列出了中国现行主要危险废物管理标准体系。

2020 年 4 月,全国人大常委会审议通过新修订的《固体废物污染环境防治法》(以下简称《固废法》),确立了工业固体废物排污许可、产生者连带责任等新的环境管理制度。虽然中国危险废物产生量仅为固体废物产生量的 2%[37] 左右,但由于危险废物种类繁多、成分复杂,并与生态环境安全和人群健康直接相关联,且这些危害具有复杂性、滞后性和难恢复性,因此,近年来危险废物管理已成为中国生态环境保护工作关注的重点。

表 2-1 中国现行主要危险废物管理法律法规

序号	名 称
1	《中华人民共和国环境保护法》(2015 年)
2	《中华人民共和国固体废物污染环境防治法》(2020 年)
3	《最高人民法院最高人民检察院关于办理环境污染刑事案件适用法律若干问题的解释》(2016 年)
4	《最高人民法院最高人民检察院公安部司法部生态环境部关于办理环境污染刑事案件有关问题座谈会纪要》(2019 年)
5	《国家危险废物名录》(2021 年版)
6	《排污许可管理办法(试行)》(2019 年)
7	《危险货物道路运输安全管理办法》(2019 年)
8	《道路运输车辆技术管理规定》(2019 年)
9	《医疗废物管理条例》(2011 年)
10	《医疗废物管理行政处罚办法》(2010 年)
11	《危险废物出口核准管理办法》(2008 年)
12	《危险废物经营许可证管理办法》(2004 年)
13	《医疗卫生机构医疗废物管理办法》(2003 年)
14	《危险废物转移联单管理办法》(1999 年)

表 2-2 中国现行主要危险废物管理标准规范

序号	名 称
1	《危险废物贮存污染控制标准》(GB 18597—2023)
2	《危险废物填埋污染控制标准》(GB 18598—2019)
3	《一般工业固体废物贮存和填埋污染控制标准》(GB 18599—2020)

序号	名　称
4	《危险废物焚烧污染控制标准》(GB 18484—2020)
5	《含多氯联苯废物污染控制标准》(GB 13015—2017)
6	《水泥窑协同处置固体废物污染控制标准》(GB 30485—2013)
7	《危险废物识别标志设置技术规范》(HJ 1276—2022)
8	《危险废物污染防治技术政策》(环发〔2001〕199 号)
9	《固体废物鉴别标准通则》(GB 34330—2017)
10	《危险废物鉴别标准腐蚀性鉴别》(GB 5085.1—2007)
11	《危险废物鉴别标准急性毒性初筛》(GB 5085.2—2007)
12	《危险废物鉴别标准浸出毒性鉴别》(GB 5085.3—2007)
13	《危险废物鉴别标准易燃性鉴别》(GB 5085.4— 2007)
14	《危险废物鉴别标准反应性鉴别》(GB 5085.5—2007)
15	《危险废物鉴别标准毒性物质含量鉴别》(GB 5085.6—2007)
16	《危险废物鉴别标准通则》(GB 5085.7—2019)
17	《危险废物鉴别技术规范》(HJ 298—2019)
18	《工业固体废物采样制样技术规范》(HJ/T 20—1998)
19	《排污许可证申请与核发技术规范水泥工业》(HJ 847—2017)
20	《排污许可证申请与核发技术规范有色金属工业——再生金属》(HJ 863.4—2018)
21	《排污许可证申请与核发技术规范陶瓷砖瓦工业》(HJ 954—2018)
22	《排污许可证申请与核发技术规范废弃资源加工工业》(HJ 1034—2019)
23	《排污许可证申请与核发技术规范无机化学工业》(HJ 1035—2019)
24	《排污许可证申请与核发技术规范工业固体废物和危险废物治理》(HJ 1033—2019)
25	《排污许可证申请与核发技术规范危险废物焚烧》(HJ 1038—2019)
26	《排污单位自行监测技术指南工业固体废物和危险废物治理》(HJ 1250—2022)
27	《排污许可证申请与核发技术规范工业固体废物和危险废物治理》(HJ 1033—2019)
28	《危险废物集中焚烧处置工程建设技术规范》(HJ/T 176—2005)
29	《含多氯联苯废物焚烧处置工程技术规范》(HJ 2037—2013)
30	《废弃机电产品集中拆解利用处置区环境保护技术规范(试行)》(HJ/T 181—2005)
31	《铬渣污染治理环境保护技术规范(暂行)》(HJ/T 301—2007)
32	《报废机动车拆解环境保护技术规范》(HJ 348—2007)
33	《危险废物(含医疗废物)焚烧处置设施二噁英排放监测技术规范》(HJ/T 365—2007)
34	《废铅蓄电池处理污染控制技术规范》(HJ 519—2020)
35	《危险废物集中焚烧处置设施运行监督管理技术规范(试行)》(HJ 515—2009)
36	《危险废物(含医疗废物)焚烧处置设施性能测试技术规范》(HJ 561—2010)
37	《废矿物油回收利用污染控制技术规范》(HJ 607—2011)

续表

序号	名　　称
38	《水泥窑协同处置固体废物环境保护技术规范》(HJ 662—2013)
39	《黄金行业氰渣污染控制技术规范》(HJ 943—2018)
40	《砷渣稳定化处置工程技术规范》(HJ 1090—2020)
41	《固体废物再生利用污染防治技术导则》(HJ 1091—2020)
42	《铬渣干法解毒处理处置工程技术规范》(HJ 2017—2012)
43	《危险废物收集贮存运输技术规范》(HJ 2025—2012)
44	《危险废物处置工程技术导则》(HJ 2042—2014)
45	《危险废物管理计划和管理台账制定技术导则》(HJ 1259—2022)
46	《危险废物环境管理指南　陆上石油天然气开采》
47	《危险废物环境管理指南　铅锌冶炼》
48	《危险废物环境管理指南　铜冶炼》
49	《危险废物环境管理指南　炼焦》
50	《危险废物环境管理指南　化工废盐》
51	《危险废物环境管理指南　危险废物焚烧处置》
52	《危险废物环境管理指南　钢压延加工》
53	《医疗废物处理处置污染控制标准》(GB 39707—2020)
54	《医疗废物焚烧环境卫生标准》(GB/T 18773—2008)
55	《医疗废物转运车技术要求(试行)》(GB 19217—2003)
56	《医疗废物焚烧炉技术要求(试行)》(GB 19218—2003)
57	《医疗废物集中焚烧处置工程建设技术规范》(HJ/T 177—2005)
58	《医疗废物高温蒸汽集中处理工程技术规范》(HJ 276—2021)
59	《医疗废物化学消毒集中处理工程技术规范》(HJ 228—2021)
60	《医疗废物微波消毒集中处理工程技术规范》(HJ 229—2021)
61	《医疗废物专用包装袋、容器和警示标志标准》(HJ 421—2008)
62	《医疗废物集中焚烧处置设施运行监督管理技术规范(试行)》(HJ 516—2009)
63	《医疗废物消毒处理设施运行管理技术规范》(HJ 1284—2023)

2.1.2　中国危险废物的环境管理体系

国务院环境保护行政主管部门对全国固体废物污染环境的防治工作实施统一监督管理。县级以上地方人民政府环境保护行政主管部门对本行政区域内固体废物污染环境的防治工作实施统一监督管理。县级以上地方人民政府有关部门在各自的职责范围内负责固体废物污染环境防治的监督管理工作。

对于工业及危险固体废物,由环境保护行政主管部门负责。国务院环境保护行政主管部门会同国务院有关部门制定国家危险废物名录,规定统一的危险废物鉴别标准、鉴别方法和识别标志;会同国务院经济综合宏观调控部门组织编制危险废物集中处置设施、场所的建设规划,报国务院批准后实施。县级以上地方人民政府依据危险废物集中处置设施、场所的建设规划组织建设危险废物集中处置设施、场所。从事收集、贮存、处置危险废物经营活动的单位,必须向县级以上人民政府环境保护行政主管部门申请领取经营许可证;从事利用危险废物经营活动的单位,必须向国务院环境保护行政主管部门或者省、自治区、直辖市人民政府环境保护行政主管部门申请领取经营许可证。

对于医疗废物,县级以上地方人民政府负责组织建设医疗废物集中处置设施。县级以上各级人民政府卫生行政主管部门,对医疗废物收集、运送、贮存、处置活动中的疾病防治工作实施统一监督管理。环境保护行政主管部门对医疗废物收集、运送、贮存、处置活动中的环境污染防治工作实施统一监督管理。

2.1.3　中国危险废物的环境管理政策方针

近年来,为改善生态环境质量,防控危险废物环境与安全风险,提高危险废物处理处置能力,我国颁布了一系列政策文件。

《强化危险废物监管和利用处置能力改革实施方案》提到,我国需要提升危险废物监管和利用处置能力,有效防控危险废物环境与安全风险。危险废物监管处置过程应当完善危险废物监管体制机制,强化危险废物源头管控,强化危险废物收集转运等过程监管,强化废弃危险化学品监管,提升危险废物集中处置基础保障能力,促进危险废物利用处置产业高质量发展,建立平战结合的医疗废物应急处置体系,强化危险废物环境风险防控能力。

《关于加快推进城镇环境基础设施建设的指导意见》指出,危险废物的处置能力得到充分保障,处置技术和运营水平的进一步提升是 2025 年城镇环境基础设施建设主要目标之一。《"十四五"全国危险废物规范化环境管理评估工作方案》强调需要强化危险废物规范化环境管理,保障环境安全。《关于加强自由贸易试验区生态环境保护推动高质量发展的指导意见》提出要健全危险废物收运体系,提升小微企业危险废物收集转运能力。

2023 年 5 月,生态环境部联合国家发展和改革委员会印发《危险废物重大工程建设总体实施方案(2023—2025 年)》,方案提出到 2025 年,通过国家技术中心、6 个区域技术中心和 20 个区域处置中心建设,提升危险废物生态环境风险防控应用基础研究能力、利用处置技术研发能力及管理决策技术支撑能力,为全国危险废物特别是特殊类别危险废物利用处置提供托底保障与引领示范。20 个区域性特殊危险废物集中处置中心项目布局见表 2-3。

表 2-3　20 个区域性特殊危险废物集中处置中心项目布局

区域	主要服务省份	拟处置的主要特殊危险废物类别	拟安排项目数量
华北	北京、天津、河北、山西、内蒙古	以飞灰、废酸、废盐、砷渣、含多氯联苯等 POPs 类废物为主	4 个
东北	辽宁、吉林、黑龙江	以精(蒸)馏残渣、油泥油脚等含油废物为主	1 个
华东	上海、江苏、浙江、安徽、福建、江西、山东	以飞灰、废酸、废盐、精(蒸)馏残渣、铅锌冶炼渣为主	4 个
华中	河南、湖北、湖南	以飞灰、废酸、油泥油脚等含油废物为主	2 个
华南	广东、广西、海南	以飞灰、废盐、铝灰为主	2 个
西南	重庆、四川、贵州、云南、西藏	以飞灰、铝灰、砷渣、大修渣、含铬废物、含汞废物为主	4 个
西北	陕西、甘肃、青海、宁夏、新疆、新疆兵团	以废盐、大修渣、铅锌冶炼渣、油泥油脚等含油废物为主	3 个

总的来看,我国危险废物的管理政策方针对危险废物管理体系的健全、处理处置技术水平的提升、转运过程的监管等方面提出了更严格的要求。

2.2　中国"无废城市"试点城市危险废物管理的总体要求

2.2.1　试点城市建设对危险废物的总体要求

《"无废城市"建设试点工作方案》中以"提升风险防控能力,强化危险废物全面安全管控"为工作核心。具体措施如图 2-2 所示。

2.2.2　"无废城市"建设指标体系(试行)中有关危险废物管理的要求

为贯彻落实《国务院办公厅关于印发"无废城市"建设试点工作方案的通知》(国办发〔2018〕128 号)相关要求,科学指导试点城市编制"无废城市"建设试点实施方案,充分发挥指标体系的导向性、引领性,生态环境部研究制定了《"无废城市"建设试点实施方案编制指南》(以下简称《编制指南》)和《"无废城市"建设指标体系(试行)》(以下简称《指标体系》)[38]。其中涉及危险废物管理要求的指标主要有以下几个方面(图 2-3)。

1.筑牢危险废物源头防线

明确管理对象和源头，预防二次污染，防控环境风险。以有色金属冶炼、石油开采、石油加工、化工、焦化、电镀等行业为重点，实施强制性清洁生产审核等

2.夯实危险废物过程严控基础

开展排污许可"一证式"管理，探索将固体废物纳入排污许可证管理范围，掌握危险废物产生、利用、转移、贮存、处置情况。全面实施危险废物电子转移联单制度，依法加强道路运输安全管理，及时掌握流向，大幅提升危险废物风险防控水平等

3.完善危险废物相关标准规范

以全过程环境风险防控为基本原则，明确危险废物处置过程二次污染控制要求及资源化利用过程环境保护要求，规定资源化利用产品中有毒有害物质含量限值，促进危险废物安全利用

图 2-2　试点城市对危险废物的总体要求

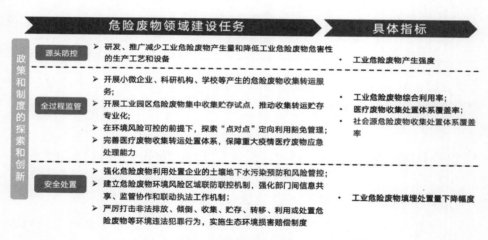

危险废物领域建设任务	具体指标
政策和制度的探索和创新	
源头防控 ➤ 研发、推广减少工业危险废物产生量和降低工业危险废物危害性的生产工艺和设备	• 工业危险废物产生强度
全过程监管 ➤ 开展小微企业、科研机构、学校等产生的危险废物收集转运服务； ➤ 开展工业园区危险废物集中收集贮存试点，推动收集转运贮存专业化； ➤ 在环境风险可控的前提下，探索"点对点"定向利用豁免管理； ➤ 完善医疗废物收集转运处置体系，保障重大疫情医疗废物应急处理能力	• 工业危险废物综合利用率； • 医疗废物收集处置体系覆盖率； • 社会源危险废物收集处置体系覆盖率
安全处置 ➤ 强化危险废物利用处置企业的土壤地下水污染预防和风险管控； ➤ 建立危险废物环境风险区域联防联控机制，强化部门间信息共享、监管协作和联动执法工作机制； ➤ 严厉打击非法排放、倾倒、收集、贮存、转移、利用或处置危险废物等环境违法犯罪行为，实施生态环境损害赔偿制度	• 工业危险废物填埋处置量下降幅度

图 2-3　危险废物领域的建设任务和具体指标[39]

危险废物管理要求的五项指标解释及计算方法如图 2-4 所示。

2.2.3　试点城市危险废物管理中的问题与挑战

《"无废城市"建设试点工作方案》(简称《方案》)中以"提升风险防控能力，强化危险废物全面安全管控"为工作核心。《方案》指出，"无废城市"建设工作中大宗工业固体废物、主要农业废弃物、生活垃圾和建筑垃圾、危险废物等为工作重点。其中，危险废物会对环境造成严重影响，必须妥善处理。不是只有工业生产活动才会产生危险废物，科研院所、实验室甚至家庭都会有危险废物的

问 工业危险废物产生强度是什么？

答 指标解释：指纳入固体废物申报登记范围的工业企业，每万元工业增加值的工业危险废物产生量。该指标是用于促进全面降低工业危险废物源头产生强度的综合性指标。
计算方法：工业危险废物产生强度 = 工业危险废物产生量÷工业增加值

问 工业危险废物综合利用率是什么？

答 指标解释：指工业危险废物综合利用量占工业危险废物产生量（包括综合利用往年贮存量）的比率。该指标用于促进工业危险废物综合利用水平，减少工业资源、能源消耗。
计算方法：工业危险废物综合利用率（%）= 工业危险废物综合利用量÷（当年工业危险废物产生量＋综合利用往年贮存量）×100%

问 工业危险废物填埋处置量下降幅度是什么？

答 指标解释：指创建地区建设期间工业危险废物填埋处置量与基准年相比下降的幅度。该指标用于促进减少工业危险废物填埋处置量，引导提高工业危险废物资源化利用水平。
计算方法：工业危险废物填埋处置量下降幅度（%）=（基准年工业危险废物填埋处置量 - 评价年工业危险废物填埋处置量）÷基准年工业危险废物填埋处置量×100%

问 医疗废物收集处置体系覆盖率是什么？

答 指标解释：指城市纳入医疗废物收运管理范围（包括城市和农村地区），并由持有医疗废物经营许可证单位进行处置的医疗卫生机构占比。该指标用于促进提高医疗废物收集处置能力。
计算方法：医疗废物收集处置体系覆盖率（%）=纳入医疗废物收集处置体系的医疗卫生机构数量÷医疗卫生机构总数×100%

问 社会源危险废物收集处置体系覆盖率是什么？

答 指标解释：指纳入危险废物收集处置体系的社会源危险废物产生单位（建设期间可以以高校及研究机构实验室、第三方社会检测机构实验室、汽修企业为主）数量占社会源危险废物产生单位总数的比率。该指标用于促进提升社会源危险废物的收集处置能力。
计算方法：社会源危险废物收集处置体系覆盖率（%）=纳入危险废物收集处置体系的社会源危险废物产生单位数量÷社会源危险废物产生单位总数×100%

图 2-4　危险废物管理要求的五项指标

产生。因此，危险废物处理处置设施应作为城市基础设施，配套规划。通过科学的管理，从源头上减少危险废物的产生、鼓励危险废物的资源化利用，无害化处置，从而实现近零排放，成为建成"无废城市"的重要一环。在开展"无废城市"试点的城市危险废物管理中存在一些问题亟待解决[40-41]，存在的问题和面临的挑战如图 2-5 和图 2-6 所示。

2.2.4　试点城市危险废物的精准分类施策

试点城市实现危险废物精准分类施策有四点要求[42]：

试点城市危险废物管理中存在的问题

危险废物处置设施超负荷运转现象突出

> **深圳**：医疗废物处置能力为39 t/d，实际医疗废物产生量为41 t/d.
> **重庆**：集中处置设施处置规模为13.95×10^4 t/a，实际处置16.95×10^4 t.

设施能力未能匹配日益变化的处理处置需求

> **深圳**：含重金属污泥、废矿物油、废铅酸蓄电池等利用能力存在较大缺口。
> **威海**：本地处置能力有限，80%以上的工业危险废物需要转出处置。
> **徐州**：缺乏废盐填埋处置能力。
> **盘锦**：废催化剂处置能力不足。

社会源危险废物规范化管理不足

> **深圳**：收运渠道不畅，部门联动不足。
> **许昌**：社会源危险废物收集处置体系建设不完善。
> **包头**：废铅蓄电池等危险废物收集体系不健全。
> **铜陵**：机动车维修保养企业、检测监测机构实验室废物及医疗废物仍存在收运不及时问题。

图 2-5　试点城市危险废物管理中存在的问题

试点城市危险废物管理体系建设面临的挑战

危险废物跨省转移处置难

铜陵、绍兴、三亚3个试点城市在实施方案中均提出"危险废物跨省转移难"，**究其原因是地方行政壁垒制约危险废物处置行业健康发展**

危险废物资源化利用出路不畅

深圳、重庆、三亚、绍兴、西宁、北京经济技术开发区6个试点城市提出"危险废物资源化利用缺乏产品标准"，**究其原因是危险废物利用的污染防治技术规范和产品中有毒有害物质含量标准缺乏**

危险废物收集体系不健全

究其原因是危险废物收集许可制度存在"堵点"。现有收集许可证制度规定危险废物收集经营许可证只能从事废矿物油和废镉镍电池两种废物的收集经营活动，制约了危险废物的有效收集

危险废物自行利用处置缺乏刚性制度约束

我国危险废物的利用处置主要包括产废单位自行利用处置和经营单位利用处置两种方式。由于危险废物自行利用处置申报登记制度执行不到位，部分产废单位打着自行利用处置的幌子非法转移倾倒危险废物，给生态环境安全和人民群众健康带来较大威胁

危险废物制度创新主动性不高

"无废城市"建设旨在鼓励各试点城市结合本地实际探索开展制度创新，破除制度堵点和难点。但大多试点城市呈"多一事不如少一事"的心态，出现"不敢想、放不开、不到位"的窘态

图 2-6　试点城市危险废物管理体系建设面临的挑战

一是危险废物领域生产者责任延伸制度建设起步。以《废铅蓄电池污染防治行动方案》(环办固体〔2019〕3 号)和《铅蓄电池生产企业集中收集和跨区域转运制度试点工作方案》(环办固体〔2019〕5 号)为标志，生产企业回收处置危险废物的制度体系开始试点建立。

二是以"无废城市"建设为载体，探索建立固体废物综合管理的制度体系、技术体系，推动形成绿色发展方式和生活方式，进一步深化危险废物源头减量、

过程严管、风险严控的管控理念。

三是新修订的《中华人民共和国固体废物污染环境防治法》将建立信息化监管体系、违法信息纳入全国征信平台、制定意外事故防范措施和应急预案、强制性清洁生产审核、投保环境污染责任险等危险废物管理措施上升到法律层面。

四是出台《关于提升危险废物环境监管能力、利用处置能力和环境风险防范能力的指导意见》，提出到 2025 年年底，建立健全"源头严防、过程严管、后果严惩"的危险废物环境监管体系。我国监管源清单式管理、规范化管理、排污许可、信息化建设、收集体系建设、废物鉴别，以及利用处置能力建设等一系列制度措施进一步得到深化。

2.3　中国"无废城市"试点城市危险废物的环境管理现状

2.3.1　中国"无废城市"试点城市危险废物的产生特点

2020 年，中国危险废物产生量为 7281.81×10^4 t，工业危险废物综合利用处置量为 8073.73×10^4 t。2020 年各地区危险废物产生量如图 2-7 所示。

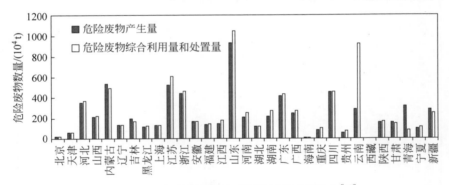

图 2-7　危险废物产生量和利用处置量地区分布[43]

危险废物产生量排名前 5 位的地区依次是山东、内蒙古、江苏、浙江和广东，分别占全国危险废物产生量的 12.8%、7.4%、7.2%、6.1% 和 5.7%。山东、江苏、浙江、广东等省为经济较发达的沿海省份，而青海、新疆（石棉废物）、云南（有色金属冶炼废物）等是采矿业发达的省份，因而危险废物产生量相对较大。

2.3.2　中国危险废物利用处置现状

自 2013 年以来，我国危险废物管控力度空前加强，危险废物利用处置产业快速发展，危险废物利用处置能力快速提升（图 2-8）。

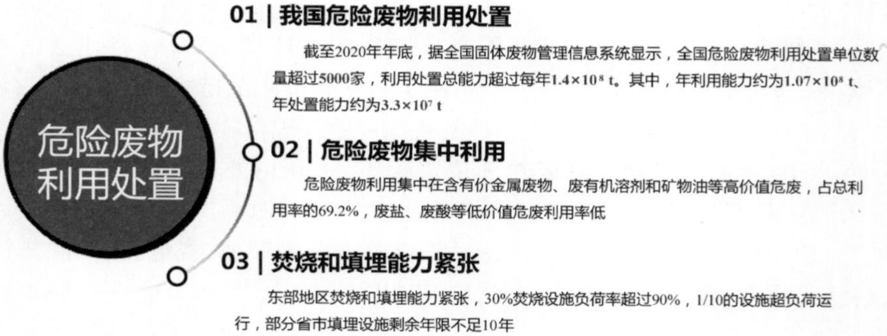

危险废物利用处置
01 | 我国危险废物利用处置
截至2020年年底，据全国固体废物管理信息系统显示，全国危险废物利用处置单位数量超过5000家，利用处置总能力超过每年1.4×10^8 t。其中，年利用能力约为1.07×10^8 t、年处置能力约为3.3×10^7 t
02 | 危险废物集中利用
危险废物利用集中在含有价金属废物、废有机溶剂和矿物油等高价值危废，占总利用率的69.2%，废盐、废酸等低价值危废利用率低
03 | 焚烧和填埋能力紧张
东部地区焚烧和填埋能力紧张，30%焚烧设施负荷率超过90%，1/10的设施超负荷运行，部分省市填埋设施剩余年限不足10年

图 2-8 危险废物的利用处置

相比 2006 年，2019 年全国危险废物（含医疗废物）许可证数量增长 376%[44]。全国拥有危险废物许可证的医疗废物处置设施分为两大类，即单独处置医疗废物设施与同时处置危险废物和医疗废物设施。截至 2019 年年底，全国各省（区、市）共颁发 442 份危险废物许可证用于处置医疗废物（415 份为单独处置医疗废物设施，27 份为同时处置危险废物和医疗废物设施）（图 2-9）。

份数
危险废物许可证数/份
5000
4000
3000
2000
1000
0
881 1107 1267 1448 1529 1632 1700 1763 1921 2034 2195 2722 3220 4195
2006 2007 2008 2009 2010 2011 2012 2013 2014 2015 2016 2017 2018 2019
年份

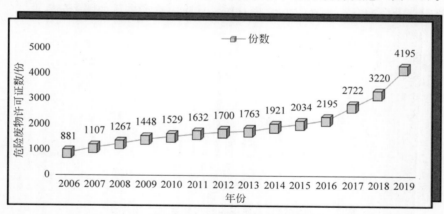

图 2-9 2006—2019 年全国危险废物许可证数量情况

截至 2019 年年底，全国危险废物（含医疗废物）许可证持证单位核准收集和利用处置能力达到 12896×10^4 t/a（含单独收集能力 1826×10^4 t/a）。2019 年度实际收集和利用处置量为 3558×10^4 t（含单独收集 81×10^4 t），其中利用危险废物 2468×10^4 t；采用填埋方式处置危险废物 213×10^4 t，采用焚烧方式处置危险废物 247×10^4 t，采用水泥窑协同方式处置危险废物 179×10^4 t，采用其他方式处置危险废物 252×10^4 t；处置医疗废物 118×10^4 t，危险废物处置负荷率约为 27%（图 2-10）。

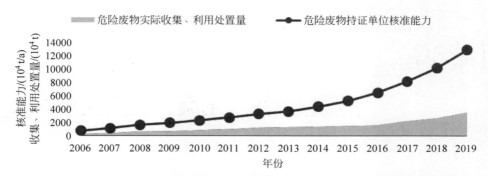

图 2-10　2006—2019 年危险废物持证单位核准能力及实际收集、利用处置情况

第3章

危险废物"无废"处置技术

3.1 危险废物处置技术简介

3.1.1 危险废物处置技术分类

我国危险废物污染防治技术政策的总原则是危险废物的减量化、资源化和无害化。首先,从源头上防止或减少危险废物的产生;对于已产生的危险废物,应根据其性质,考虑是否可以进行综合资源化回收利用,以减少后续处置负荷。对于无法或暂时无法回收利用的危险废物,必须采用焚烧处理和安全填埋等方法进行妥善的无害化处置。

目前,危险废物处置技术主要包括资源化利用技术、减量化处置技术和无害化处置技术。其中资源化利用技术主要包括物理/化学法分离技术、金属提纯技术、建材化利用技术和能源化利用技术;减量化处置技术包括焚烧和非焚烧处置技术;无害化处置技术包括水泥窑协同处置技术、高温熔融技术和填埋处置技术等。

3.1.2 危险废物处置技术选择原则

腐蚀性废物应先通过中和法进行预处理,然后再采用其他方式进行最终处置。有毒性废物可选择解毒处理,也可选择焚烧或填埋等处置技术。易燃性废物宜优先选择焚烧处置技术,并应根据焚烧条件选择预处理方式。反应性废物宜先采用氧化、还原等方式消除其反应性,然后进行焚烧或填埋等处置。感染性废物(医疗废物)应选择能够杀灭感染性病菌的处置技术,如焚烧、高温蒸汽灭菌、化学消毒、微波消毒等。

3.2　资源化利用技术

我国危险废物资源化利用的模式为危险废物资源化企业向上游产废企业收取有利用价值的废物,再提纯生产为资源化产品,收入来自销售产品,盈利受上游废物价格及下游金属价格影响。目前,我国的危险废物综合利用主要集中在高附加值金属废物、废有机溶剂、废矿物油回收等方面,对象较为单一。废酸、化工废盐、飞灰、石化废催化剂等利用技术难度高、经济效益不明显的危险废物则利用率较低。

3.2.1　金属废物回收技术

金属废物主要来源于微电子制造、工业电镀和废旧电器拆解等行业,其形态主要包括固态(金属污泥)和液态(金属废液)。金属废物若流入自然界,会被植物、水生生物等吸收,并依托食物链富集。部分金属能够使蛋白质和活性酶失活而引起代谢紊乱,加之其不能自然降解也不能通过生物体代谢排除,因此其可对包括人类在内的生物的生存造成不可逆的危害。金属危险废物中金属的回收,主要采用火法冶炼和湿法冶炼两种方法。

1. 火法冶炼

火法冶炼主要适用于重金属污泥和电器拆解过程中产生的含金属电路板的固体危险废物,通过高温焚烧使危险废物内的金属部件与非金属部件分离(根据回收目标物料的不同,控制不同的冶炼温度,若以回收铜为主,则温度控制在 1300℃左右;若以回收镍为主,则温度控制在 1455℃左右)。非金属物质一部分变成气体逸出熔融体系,另一部分以浮渣状态浮于金属熔融物料上层。目标金属在熔融状态下形成合金。通过火法冶炼得到的金属杂质较多,需通过后续精炼或湿法配套分离合金中的各种金属;火法冶炼能源消耗量大,且会产生大量废气和废渣,造成二次污染。

2. 湿法冶炼

湿法资源化处置一般由金属浸出、浸出浓液的处置和重金属的富集、根据需要提取金属或形成化合物等程序组成。根据物料的组分和性质,可回收铜、镍、铬等金属单质或相应的盐类化合物。金属浸出一般可分为酸浸和氨浸。根据金属形态的不同选择不同的方式。若金属以氢氧化物形态或离子态存在,则使用工业盐酸、硫酸等酸性浸出剂进行浸出;氨浸法则可高效针对溶解性铜、钴、镍等金属,而铁、钙等杂质不会被溶解。

金属的富集工艺一般有离子交换、膜过滤、萃取、吸附等,离子交换、膜过滤等通过选择性过滤对目标金属进行富集,然后再通过酸解浸出;萃取法则通过相应的萃取剂将金属溶解分离,实现目标金属的富集。通过浸出、富集,一般均可形成金属富集液,根据需要,可采用电解、化学沉淀等方法实现目标金属或其氢氧化物的制备。

3.2.2　废有机溶剂回收技术

常用的废有机溶剂处置方法有吸附法、冷凝法和吸收法等。

1. 吸附法

通过对废气中有机溶剂相关内容的具体分析,能够发现有机溶剂是废气中较为常见的毒性物质之一,无论是对生态环境,还是对人类的身体健康,均具有较为严重的影响。为此,根据对有机溶剂的了解,开展对废气中有机溶剂的处理及回收分析是尤为必要的。吸附法是废气中有机溶剂处理的首要方法之一,该方法使用的时间较久,具有一定的历史价值,在早期对毒性物质无害处理中,常采用此方法对有毒物质进行吸附。吸附法在毒性物质处理中的主要工具为活性炭。近年来,随着经济的快速发展,活性炭的种类逐渐增多,性能也显著提升。活性炭的吸附可以分为物理吸附和化学吸附,在对有机溶剂进行回收吸附时,是通过活性炭放热的性质,降低有毒物质分子的自由能,从而使有毒物质充分吸附到活性炭上。无论是物理吸附还是化学吸附,均能够起到对有机溶剂毒性的吸附,其区别在于物理吸附和化学吸附在吸附毒性时所产生的作用力不同,吸附热、吸附速率及吸附温度等均表现出一定的差异性,因此两种吸附方式对有机溶剂的吸附能力也不尽相同。

2. 冷凝法

在对废气中的有机溶剂的处理和回收过程中,其处理和回收方法不仅表现为吸附法,同时也表现为冷凝法。冷凝法是废气中有机溶剂处理与回收的重要方法之一,同时也是日常中对毒性物质处理和回收的常用方法之一。在对废气中有机溶剂实施处理和回收时,采用冷凝法具有一定的针对性。通常情况下,冷凝法在使用中一般比较适用于较为单一且废气中有机溶剂浓度较高的环境,尤其是在企业产品生产制造过程中,所产生的废气基本上均表现为挥发性有机溶剂。在上述情境下,则可以广泛地使用冷凝法对有机溶剂进行处理和回收,比如在制冷设备中、柴油成品包装环境下等,发生的相应废气有机溶剂行为,均可以适当采用冷凝法,开展对有机溶剂的处理。冷凝法在使用过程中主要是通过利用气体对温度的反应,实现对有机溶剂的冷凝处理。一般而言,废气中有机溶剂在处理时,采用冷冻的方式降低气体中的温度,而由于废气中所含有的有机溶剂成分相对单一,因此能够有效实现对废气中有机溶剂的大量回收。从本质上而言,冷凝法属于物理性的毒性物质回收方法,基本上不需要对设备进行改造,因此可以在废气中有机溶剂处理与回收中广泛使用。

3. 吸收法

吸收法也是废气中有机溶剂处理的显著方法之一,在明确当前废气中有机溶剂处理与回收方法的前提下,对具体处理与回收方法展开分析,可以为日后改善生态环境、提升人们生活质量奠定坚实的基础。吸收法在废气中有机溶剂处理与回收中的应用主要是通过具有特殊性质的液化物质作为介质,对废气中的有机溶剂进行充分的回收和吸收,经过对有机溶剂的吸收与融合,最终消除废气中的有机溶剂成分,减少废气中的有毒物质,提升废气的达标能力。此种方法是日常生活中较为常见的有机溶剂处理与回收方法,但由于吸收法的特殊性,因此对处理与回收的气体吸收物质具有一定的要求。作为有机溶剂处理与回收介质的物质,应与所要处理与回收的有机溶剂具有相同或相似的性质,例如,汽油对有机溶剂中的油性物质能够产生一定的溶解性特征,并通过高温的支持不断与废气中的有机溶剂进行交融,最终实现对有机溶剂中相同物质的吸收。由此可见,吸收法在使用过程中要注意介质和有机溶剂性质的相同性。

3.2.3　废矿物油回收技术

废矿物油是由于受杂质污染、被氧化或受热,原有的理化性能发生改变而不能继续使用的油或含油分的废物。一般来说,矿物油氧化变质会分解形成黏稠的胶质和沥青质,同时还会混入机械杂质(重金属)和水分,若未经处理就排放到自然环境中去,会对耕地造成重度污染,甚至污染地表水系和浅层地下水,使水体中含氧量降低,影响水体中生物赖以生存的环境,最终导致水体发黑变质。

废油分为清油和黑油两种,清油在使用中几乎没有受到污染,因此只需经过简单的净化(过滤或离心过滤)就可以再生;黑油主要源于汽车润滑油,经受过强烈的高温和机械作用,并且含有金属杂质、燃烧残留物和氧化物,需经过一系列深加工方能实现再生。现阶段,废油再生的技术手段主要有 5 种。

1. (离心)过滤法

过滤、离心作为基本的处置方法,可去除废油中含有的机械杂质,得到品质较好的油品,适用于清油的再生。

2. 硫酸-白土法

在废油中加入浓硫酸,利用其强氧化性将废油中的胶质和沥青质充分氧化并形成酸渣;去除酸渣后,经过中和、白土吸附、去除白土等工艺过程,最终形成再生基础油。该过程需消耗大量的浓硫酸及碱液,并需处理过程中形成的大量酸渣、废水、废气,对环境的二次污染较为严重,且矿物油的再生效率较低。该方法大规模使用受限,已被列为淘汰工艺。

3. 蒸馏-加氢技术

一般先对废油进行过滤等预处理,去除其中的机械杂质,再将过滤液加热蒸馏,分离出相应的油类馏分及底渣。其中,底渣可用于制造沥青,油类馏分则可进行加氢工艺处理。加氢工艺可避免硫酸-白土工艺过程中造成的二次污染,实现脱硫脱氮。但加氢设备投资较高,氢气的贮存和使用存在一定的安全风险,操作的工艺条件也较为苛刻,处置成本较高,因此不适用于较小的处理规模。

4. 分子蒸馏技术

分子蒸馏又称短程蒸馏,是一种在高真空条件下利用各种物质的平均自由程差异来分离物质的新型分离技术,属于非平衡蒸馏技术。利用分子蒸馏可以很好地分离废润滑油中的轻质、重质组分。分子蒸馏技术具有蒸馏温度低、蒸馏时间短、蒸发效率高、分离程度高、成本低等优点,并可高效地避免常规减压蒸馏过程中因受热不均造成的物料局部碳化及裂解等问题。但分子蒸馏装置对处理物料的性能要求也较为苛刻,在处理废润滑油时,一般要先通过预处理去除机械杂质,再补充白土精制工艺,使得到的再生润滑油达到新润滑油的标准。

5. 溶剂萃取再生(溶剂精制)技术

溶剂精制结合了现代炼制润滑油的大部分工序,主要通过选择合适的萃取剂,利用废油中的目标物料和杂质溶解度的不同,有针对性地萃取废油中的杂质后,通过闪蒸等分离手段,将油品与萃取剂进行分离,实现废油的再生。萃取溶剂无毒,可以多次回收利用,且精制得到的润滑油收率高、品质好,该工艺适用于大型的废油处理工厂。

3.2.4　废包装容器回收技术

包装容器作为运输包装的基础原料,广泛应用于石油化工、溶剂包装和涂料运输等行业。根据材质的不同,包装容器大致可分为塑料桶和钢桶;按照外形,可分为圆桶和方箱(IBC桶),容积为25~220 L。包装容器在使用后,因其内壁上仍可能残留所装的化学物料,若未经妥善处置被遗弃于自然界或用于盛放生活物料,将会给人类健康和环境安全带来隐患。废包装容器又被称为"城市中的矿山",做好其资源化再生工作,可节约大量的钢材和塑料原材料,实现巨大的循环经济利益。一般回收的废包装容器主要为200~220 L的塑料桶、钢桶和IBC吨桶,采用的工艺大致有3类。

1. 溶剂清洗

根据所装物料的不同采用不同的清洗剂。针对盛放有机溶剂的废包装容器,主要利用有机物互溶的化学原理,使用低沸点的有机溶剂作为清洗剂,通过滚动刷洗,使桶内壁残留的有机溶剂与清洗剂互溶,然后倒出洗净;对于无机酸碱类,则用相应的酸碱进行中和清洗,其主要工序为:用水或溶剂刷洗残余物、打磨、晒干、整形、表面喷漆。溶剂清洗是废包装桶回收行业较为传统和常用的工艺,其适用范围广,可以根据不同的污染物特性采取相应的化学清洗剂清洗、水洗等方式清洁包装桶。但由于其采用低沸点的清洗溶剂,操作过程中会产生大量挥发性有机物质,也会产生大量的有机废水,存在着巨大的安全隐患(低沸点有机溶剂一般均为甲类危险化学品),同时,清洗后的再生产品无法进行精确的品质检验,对后续的使用也会造成一定影响,因此该方法对环境的不利影响较大。

2. 钢材利用

对于可资源化的废钢桶,可采用物理干法处理＋改制的方式使其再生,即通过拆解、打磨脱漆、抛光整形、冲洗防锈、组装涂装等物理手段,对废旧钢桶进行翻新再生。该法可避免溶剂清洗过程产生大量废水的现象,大大减少环境负荷。某些因泄漏或外形损坏的钢桶,可先采用物理除杂、溶剂清洗或桶内焚烧等手段去除其中含有的杂质后,再进行劈板,实现对钢材的回收利用。该方法在避免环境风险的同时,还可大大节约资源、实现钢材的循环利用。劈板工艺主要是对无法再利用的钢桶进行资源化的末端手段,劈板前应先将钢桶内部的危险废物彻底去除,以降低劈板过程中的环境安全风险,确保桶内原有的杂质能够得到有效的处置。

3. 塑料再生

塑料再生是对塑料包装桶和 IBC 方箱进行资源化的末端手段,先期需对桶内壁残留物进行水洗、溶剂清洗或机械刮除等处理,刮除的残留物仍属于危险废物,需进行后续专项处理。塑料再生可分为单纯再生和复合再生。废塑料桶的单纯再生也称机械再生,是指对处理完毕的塑料废桶直接进行切割、粉碎,使其还原至颗粒状并返回塑料的加工流程,经高温融化压模制桶,实现对塑料材料的资源化回收利用;复合再生是指处理完毕的塑料废桶经过粉碎后,与木粉等材料进行混炼、造粒,经成型后制造为塑料制品。

3.3　焚烧处置技术

3.3.1　危险废物集中焚烧处置技术

经过多年的发展,危险废物的焚烧处置技术日益成熟。目前,焚烧炉的炉型主要有回转窑焚烧炉、机械炉排炉、流化床焚烧炉、液体喷注式焚烧炉、多段式焚烧炉等。

1. 回转窑焚烧

回转窑焚烧炉是轴线与水平稍呈倾斜(1/100~1/300)的内衬耐火材料的钢制圆筒,回转窑缓慢旋转,废弃物在炉内一边燃烧,一边向出口处推移滚动,实现焚烧物料的均匀输送和混合,从而使其对危险废物达到较高的焚毁去除率。回转窑焚烧炉通常的操作温度在 800~1000℃(熔渣式操作温度在 1200~1300℃),废弃物在炉体内经历干燥、热解氧化、燃烧等过程。通常在回转窑后设置二燃室,前端热裂解未完全燃烧的有毒气体在 1100℃ 以上的氧化状态下完全燃烧。回转窑焚烧炉对废弃物适应性广,对物料的性质和性质的均一性要求低,能够焚烧处置各种固体、液体和黏稠状等形态的废弃物。对于形态复杂的混合危险废物,回转窑已成为国内外危险废物焚烧处置的首选炉型,在世界工业废弃物焚烧领域的市场占有率达到 85%。

2. 机械炉排炉焚烧

机械炉排炉将危险废物置于炉排上进行焚烧。在炉排的带动下,危险废物在机械炉排炉中的焚烧过程可分为以下三个阶段:干燥脱水、挥发分析出燃烧和残碳燃烬。由于危险废物形态多样,通常含有液态废弃物,不太适合在机械炉排炉中进行焚烧;同时由于危险废物通常存在腐蚀性,在高温下会对炉排造成严重腐蚀。因此,目前机械炉排炉通常用于对回转窑焚烧炉固体残渣的焚烧。

3. 流化床焚烧

流化床焚烧炉采用石英砂、石灰石或氧化铝等惰性材料作为床料,利用炉底布风板供给超过其流态化速度所需的空气,使床料产生流态化的现象,然后投入一定粒径的废物,从而进行焚烧处理。根据通入流化风的流速大小可分为气泡式流化床和循环式流化床。由于流化床惰性床料的强烈湍混,且具有很大的热容量,流化床焚烧炉床层内气固接触良好,传热、传质工况优越,炉内温度波动小,床内温度维持在 $800\sim950℃$,有利于有机物的分解和燃烬,因此流化床焚烧炉具有较好的燃烧效率和有害废物焚毁率。流化床焚烧炉在处理固体废弃物时,对进料粒径有一定要求,需将其破碎至粒径为 $25\sim50$ mm 再进料,这样有利于在床体中均匀分布,燃烧较完全。

4. 液体喷注式焚烧

液体喷注式焚烧炉是指将高热值的流动性废液或低热值的有机污水添加燃料后雾化喷入炉体内燃烧,一般适用于焚烧高热值、流动性强、灰分低的废液和有机蒸气。液体喷注式焚烧炉由输送系统、液体分散器和燃烧器构成。为了确保有害物质的彻底焚毁,一般需加设辅助燃烧或二次燃烧室。

5. 多段式焚烧

为了保证危险废物中有害物质在焚烧过程中彻底焚毁,通常采用多段式焚烧炉组合的方式。目前多段式焚烧炉一般将回转窑作为一燃室,危险废物在一燃室内热解,热解气体和残渣再由机械炉排炉进行二次焚化燃烧,未燃尽的气体和颗粒进入三燃室充分燃烧。由于回转窑一燃室采用热解气氛,减小了供风量,可以降低回转窑的高温负荷,缓解回转窑高温结焦结渣问题,同时也有利于降低烟气中颗粒物浓度。采用多段式焚烧炉,可以有效提高灰渣和焚烧烟气中有害物质的焚毁率。

3.3.2 医疗废物集中焚烧处置技术

医疗废物焚烧处置技术是采用高温热处理方式,使医疗废物中的有机成分发生氧化/分解反应,实现无害化和减量化,主要包括热解焚烧技术和回转窑焚烧技术,热解焚烧技术又可分为连续热解焚烧技术和间歇热解焚烧技术。医疗废物焚烧技术适用于感染性、损伤性、病理性、化学性和药物性医疗废物的处置。

医疗废物集中焚烧处置主要包括废物的接收、贮存、进料、焚烧、烟气净化等工艺环节,以及清洗消毒、废水处理、新产生固废处理、噪声控制等二次污染控制措施,典型工艺流程如图 3-1 所示。

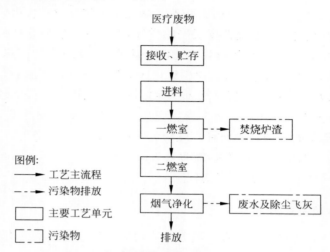

图 3-1 医疗废物集中焚烧处置一般工艺流程图

医疗废物集中焚烧处置工程焚烧炉应由一燃室和二燃室组成。一燃室实现医疗废物的燃烧、燃烬,二燃室实现未完全燃烧气体和热解气体的充分燃烧。焚烧炉高温段温度应≥850℃,烟气停留时间应≥2 s。焚烧炉燃烧效率不低于99.9%,焚烧炉渣热灼减率应<5%,焚烧炉出口烟气氧含量应在 6%~15%(干气)。焚烧炉宜设置紧急烟气排放装置,并设置烟气紧急排放的除尘措施。焚烧炉表面温度应符合 GB/T 18773 的相关要求。焚烧炉燃烧空气系统、辅助燃烧系统的设置在满足实际生产需要的同时,应能满足焚烧炉烘炉和启炉的需要。

3.4 无害化处置技术

无害化处置技术主要包括水泥窑协同处置、高温熔融、填埋处置等技术。安全填埋处置技术主要作为经过处理的废物或不适合处理的危险废物的最终处置技术手段。无害化处置技术利润较高,焚烧利润可达 40% 以上,填埋利润可达 50% 以上。水泥窑协同处置一般由处置企业向产废企业收取费用,在一些地区与水泥生产共摊成本,边际成本较低[45],也可获得较高利润。

3.4.1 水泥窑协同处置技术

1. 技术简介

水泥窑协同处置危险废物是指将满足或经预处理后满足入窑(磨)要求的危险废物投入水泥窑或水泥磨,在进行熟料或水泥生产的同时,实现对危险废物的无害化处置的过程。

2. 水泥窑协同处置的预处理要求

针对直接投入水泥窑进行协同处置会对水泥生产和污染控制产生不利影响的危险废物,危险废物预处理中心和采用集中经营模式的协同处置单位应根据其特性和入窑要求设置危险废物预处理设施。危险废物的预处理设施应布置在室内车间。含挥发或半挥发性成分的危险废物的预处理车间应具有较好的密闭性,车间内应设置通风换气装置并采用微负压抽气设计,排出的废气应导入水泥窑高温区,如篦冷机的靠近窑头端(采用窑门罩抽气作为窑头余热发电热源的水泥窑除外)或分解炉三次风入口处,或经过其他气体净化装置处理后达标排放。采用导入水泥窑高温区的方式处理废气的预处理车间,还应同时配置其他气体净化装置,以备在水泥窑停窑期间使用。采用独立排气筒的预处理设施(如烘干机、预烧炉等)排放废气应经过气体净化装置处理后达标排放。对固态危险废物进行破碎和研磨预处理的车间,应配备除尘装置和与之配套的除尘灰处置系统。液态危险废物预处理车间应设置堵截泄漏的裙角和泄漏液体收集装置。危险废物预处理的消防、防爆、防泄漏等其他要求应符合《水泥窑协同处置固体废物环境保护技术规范》(HJ 662)中的相关规定。

"SMP(shredding-mixing-pumping,破碎-混合-泵送)工艺"和"三态工艺"是目前经常采用的两种预处理工艺。典型的"三态工艺"如图 3-2 所示,即固态、半固态和液态危险废物分别根据其不同的特性进入不同的预处理系统,经各自的输送系统进入窑体,处置过程中没有外加热源,不混煤。

3. 水泥窑协同处置的废物投加要求

不影响水泥生产工艺是协同处置的原则之一,利用现有的水泥窑设施处置废物,节省设施建设成本也是水泥窑协同处置相比专业焚烧炉的优势之一。废物协同处置应尽量不对水泥窑进行大的改造,选择废物投加位置时,既要考虑

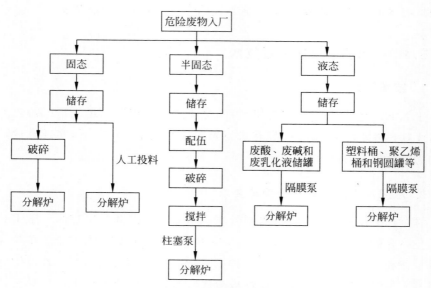

图 3-2　危险废物预处理工艺

该处气固相温度、停留时间等特性,也应考虑增设废物投加口的易操作性。

（1）应根据危险废物（或预处理产物）的特性在水泥窑中选择合适的投加位置,并设置危险废物投加设施。作为替代混合材向水泥磨投加的危险废物应为不含有机物（有机质含量小于 0.5％,二噁英含量小于 10ng TEQ/kg,其他特征有机物含量不大于水泥熟料中相应的有机物含量）和氰化物（CN¯ 含量小于 0.01 mg/kg）的固态废物,并确保水泥产品满足水泥相关质量标准及《水泥窑协同处置固体废物环境保护技术规范》（HJ 662）表 1 中规定的"单位质量水泥的重金属最大允许投加量"限值。

（2）含有机卤化物等难降解或高毒性有机物的危险废物优先从窑头（窑头主燃烧器或窑门罩）投加,若受危险废物物理特性限制（如半固态或大粒径固态危险废物）不能从窑头投加时,则优先从窑尾烟室投加;若受危险废物燃烧特性限制（如可燃或有机质含量较高的危险废物）也不能从窑尾烟室投加时,最后再选择从分解炉投加。

（3）采用窑门罩抽气作为窑头余热发电热源的水泥窑禁止从窑门罩投加危险废物。

（4）危险废物从分解炉投加时,投加位置应选择在分解炉的煤粉或三次风入口附近,并在保证分解炉内氧化气氛稳定的前提下,尽可能靠近分解炉下部,以确保足够的烟气停留时间。

（5）危险废物投加设施应能实现自动进料，并配置可调节投加速率的计量装置实现定量投料。在窑尾烟室或分解炉也可设置人工投加口用于临时投加自行产生或接收量少且不易进行预处理的危险废物（如危险废物的包装物、瓶装的实验室废物、专项整治活动中收缴的违禁化学品、不合格产品等）。

（6）危险废物采用非密闭机械输送投加装置（如传送带、提升机等）或人工从分解炉或窑尾烟室投加时，应在分解炉或窑尾烟室的危险废物入口处设置锁风结构（如物料重力自卸双层折板门、程序自动控制双层门、回转锁风门等），防止在投加危险废物过程中向窑内漏风及水泥窑工况异常时窑内高温热风外溢和回火。

（7）危险废物机械输送投加装置的卸料点应设置防风、防雨棚。含挥发或半挥发性成分的危险废物和固态危险废物的机械输送投加装置卸料点应设置在密闭性较好的室内车间。含挥发或半挥发性成分的危险废物的卸料车间内应设置通风换气装置并采用微负压抽气设计，排出的废气应导入水泥窑高温区，如篦冷机的靠近窑头端（采用窑门罩抽气作为窑头余热发电热源的水泥窑除外）或分解炉三次风入口处，或经过其他气体净化装置处理后达标排放。固态危险废物的卸料车间应配备除尘装置。液态危险废物的卸料区域应设置堵截泄漏的裙角和泄漏液体收集装置。

（8）危险废物非密闭机械输送投加装置（如传送带、提升机等）的入料端口和人工投加口应设置在线监视系统，并将监视视频实时传输至中央控制室显示屏幕。

（9）危险废物向水泥窑投加的其他要求应符合《水泥窑协同处置固体废物环境保护技术规范》（HJ 662）中的相关规定。根据《水泥窑协同处置固体废物环境保护技术规范》（HJ 662—2013）6.6节，具有以下特性的固体废物宜在主燃烧器投加：液态或易于气力输送的粉状废物；含持久性有机污染物（POPs）物质或高氯、高毒、难降解有机物质的废物；热值高、含水率低的有机废液。窑尾宜投加含水率高或块状废物，且在窑尾投加的液态、浆状废物应通过泵力输送，粉状废物应通过密闭的机械传送装置或气力输送，大块状废物应通过机械传送装置输送。

4. 协同处置危险废物的类别和规模

（1）水泥窑禁止协同处置放射性废物，爆炸物及反应性废物，未经拆解的电子废物，含汞的温度计、血压仪、荧光灯管和开关，铬渣，未知特性的不明废物。危险废物预处理中心或采用集中经营模式的协同处置单位可以接收未知特性的不明废物,但应满足《水泥窑协同处置固体废物环境保护技术规范》(HJ 662)9.3节中有关不明性质废物的专门规定。电子废物拆解下来的废树脂可以在水泥窑进行协同处置。

(2)除放射性废物、爆炸物及反应性废物、含汞的温度计、血压仪、荧光灯管和开关、铬渣之外的其他危险废物,满足或经预处理后满足《水泥窑协同处置固体废物环境保护技术规范》(HJ 662)规定的入窑或替代混合材要求后,均可进行水泥窑协同处置。

(3)水泥窑协同处置危险废物的规模和类别应与地方危险废物的产生现状和特点,以及地方现有危险废物处置设施的危险废物处置类别和能力相协调。

(4)水泥窑协同处置危险废物的规模不应超过水泥窑对危险废物的最大容量。在保证水泥窑熟料产量不明显降低的条件下,水泥窑对危险废物的最大容量可参考《指南》附表2确定。危险废物作为替代混合材时,水泥磨对危险废物的最大容量不超过水泥生产能力的20%。水泥窑协同处置危险废物的规模还应考虑危险废物中有害元素包括重金属、硫(S)、氯(Cl)、氟(F)和硝酸盐、亚硝酸盐的含量,确保由危险废物带入水泥窑(或水泥磨)的有害元素的总量满足《水泥窑协同处置固体废物环境保护技术规范》(HJ 662)中6.6.7条~6.6.9条的要求,每生产1 t熟料由危险废物带入水泥窑的硝酸盐和亚硝酸盐总量(以N元素计)不超过35g。

(5)水泥窑同时协同处置可燃危险废物,不可燃的半固态、液态或含水率较高的固态危险废物时,水泥窑对可燃危险废物,不可燃的半固态、液态危险废物的最大容量应在《指南》附表2所示的基础上进行相应的减小。

5. 技术适用范围

水泥窑协同处置危险废物的工艺是在原有水泥熟料生产线上进行改造,通过新增危险废物预处理、进料投加等设备来协同处置危险废物,通常基于废物类型、特性和处置量的不同,主要包括两种形式,见表3-1。一种是以废物处置为目的,通过高温焚烧分解、消除、惰性化和稳定危险废物中的有毒物质,如电镀污泥和制革污泥等废物,热值较低且其灰分中也不含有与熟料生产的原料相似的化学成分(CaO、SiO_2、Al_2O_3、Fe_2O_3)的废物;另一种是通过替代原料或替代燃料,对水泥生产过程中有用成分实现再利用,例如,以各种无机矿物材料废物为主的污泥、建筑垃圾和飞灰等废物,热值高的含油污泥、油漆渣和轮胎等废物,在满足一定条件的情况下,可以实现资源化利用。

表 3-1　水泥窑协同处置危废的类型

分类	控制目标	常见的替代品
替代原料	废物灼烧基中 $CaO+SiO_2+Al_2O_3+Fe_2O_3 \geqslant 80$； $KH=0.78\sim0.96$，$SM=2.24\sim2.85$，$IM=1.2\sim1.6$； 粒度：$80\ \mu m$ 方孔筛筛余含量 $\leqslant 10\%$；重金属含量 $\leqslant 0.5\%$，重金属浸出毒性：Pb 含量 $\leqslant 3\ mg/L$，Cd 含量 $\leqslant 0.3\ mg/L$，Cu 含量 $\leqslant 50\ mg/L$，Zn 含量 $\leqslant 50\ mg/L$；碱含量 $\leqslant 0.6\%$，氯化物含量 $\leqslant 0.06\%$	污泥、建筑垃圾、铅锌渣、陶瓷肥料、垃圾焚烧飞灰等
替代燃料	热值 $\geqslant 14\ MJ/kg$； 水分 $<20\%$； 灰分 $<36\%$； 挥发分 $>50\%$； F 含量 $\leqslant 0.25\%$；Cl 含量 $\leqslant 1\%$；S 含量 $\leqslant 2.5\%$；重金属含量 $\leqslant 2.5\%$（Hg 含量 $<0.01\%$，总 Cd、Tl 含量 $<0.1\%$）	含油污泥、油漆渣、废旧轮胎、RDF、废塑料、废橡胶、干橄榄果渣、肉骨粉、废油、稻壳、木材等
废物处置	在满足入窑条件的前提下，废物既不能替代原料，也不能替代燃料	电镀污泥、制革污泥等

6. 技术发展现状

　　水泥窑焚烧处理危险废物在发达国家已经得到了广泛的认可和应用，在发达国家危险废物处理中发挥着重要作用，我国水泥厂处置废物的工作目前处于初步发展阶段。水泥窑之所以能够成为危险废物的处理方式，主要是因为废物能够为水泥生产所应用，可以以二次资源或者二次燃料的形式参与水泥熟料的煅烧过程，二次燃料通过燃烧放热把热量供给水泥煅烧过程，而燃烧残渣则作为原料通过煅烧时的固、液相反应进入熟料主要矿物，燃烧产生的废气和粉尘通过高效除尘设备净化后排入大气。

　　在我国，水泥窑协同处置的研究和实践始于 20 世纪 90 年代，到 2014 年，我国仅有 16 家获得了《危险废物经营许可证》。2014 年后，我国水泥窑协同处置危险废物企业项目呈爆炸式发展，建成、在建和规划建设的项目超过百余项；2017 年，共 30 余家水泥企业已获危险废物处置资质，核准能力 $1.52\times10^6\ t/a$；2018 年 10 月，在建和规划建设项目超过 40 项，持证单位约 61 家，核准危废经营能力超过 $3\times10^6\ t/a$，实际处置量约 $10^6\ t/a$，已超过了传统危废焚烧的处置量；截至 2019 年 7 月，我国共 77 家水泥窑协同处置危废企业，占比达到了危废处置企业项目的 28.1%，其区域分布情况见表 3-2，多集中在华东、华北和西北地区，华北地区最多，为 25 家，东北地区最少，只有 3 家，已建成或正在建设的共有 52 条生产线，处置能力为 $3.41\times10^6\ t/a$，早已占据危废焚烧的半壁江山。2020 年处置能力达到 7.11×10^6 t/a,涉及水泥生产线 110 条。国内大型的水泥企业带动了水泥窑协同处置危废技术的迅速发展,使该技术成为未来危废处置的主力军。

表 3-2　我国水泥窑协同处置危废项目及企业分布

地区	省份/城市	水泥窑协同处置危险废物企业数量
东北	吉林	2
	辽宁	1
华北	北京	2
	河北	7
	山西	6
	内蒙古	2
	天津	1
华东	浙江	11
	福建	6
	江苏	3
	安徽	2
	江西	2
	山东	1
华南	广西	4
	海南	1
华中	湖北	2
	河南	2
	湖南	1
西南	重庆	3
	云南	3
	四川	1
	贵州	1
西北	陕西	10
	青海	1
	新疆	1

3.4.2　高温熔融技术

熔融处理是指将固体废物与添加剂混合,经高温熔融形成均匀熔体,在空气冷却或水淬冷却下重金属键结固化、固结成物理化学性质稳定的玻璃态物质,实现固体废物无害化、减量化和资源化的一种处理方法。

1．技术性能指标

正常运行过程中,熔融炉温度应保持在1350℃以上。熔融炉排除熔体可采用空气冷却或水淬冷却等冷却方式。熔融炉及燃烧室系统应设置防爆门或其他防爆设施;燃烧室后应设置紧急排放烟囱,并设置联动装置使其只能在事故或紧急状态下启动。熔融炉及燃烧室技术性能指标应满足表3-3规定。

表3-3　熔融炉及燃烧室技术性能指标

熔融炉温度/℃	燃烧室温度/℃	烟气停留时间/s	CO浓度/(mg/Nm³)	焚毁去除率/%
≥1350	≥1100	≥2	≤80	≥99.99

2．技术简介

目前国内外已经发展了多种技术,包括熔融玻璃化、熔融金属、熔盐氧化、熔渣和熔融固化技术等。

（1）熔融玻璃化技术

熔融玻璃化是一种高温熔融玻璃化技术（1400～2000℃）,是Battelle Memorial Institute为美国政府能源部开发出的一种用于处理污染物的新工艺。该工艺可以处理放射性物质、有害化学品、重金属、混合废料和有机残渣等,操作过程中将待熔融的受污染的土壤插入两对大碳电极。当电流流过土壤的时候,电能被转化为热能,土壤逐渐被熔融,形成无毒、不渗滤、稳定性好的整块玻璃化物质。持续通电,土壤中区域的深度和广度都逐渐加大,直到达到需要的处理量。熔融技术曾被用来处理超过1000 t的地表和地下废物。在高温熔融条件下,土壤中的有机污染物被完全破坏。处理过程中产生尾气通过一个位于处置区域上方的不锈钢罩收集起来,抽出进入尾气处理系统。尾气处理系统包括过滤、干湿除尘和热处理。处理完成后,土壤及废物被固化成一种玻璃态/类矿石的物质。目前,GeoMelt^{TM}工艺已经在美国、日本和澳大利亚得到应用,Amec公司是GeoMelt^{TM}工艺唯一授权使用的单位。

（2）熔化金属热解技术

使用普通的炼铁高炉和炼钢转炉或利用熔融的铁或炉渣来加热破坏POPs废物的处理技术。熔化金属热解被称为"催化萃取过程",尽管其并不是一个催化过程,也不是一个萃取过程,却可以描述成"液相高温燃烧炉"。它使用温度高达1650℃的熔融铁液浴使被处理废物降解成原子状态。

（3）熔盐氧化技术

和熔融金属相似,熔盐氧化技术处理过程中熔盐既作为反应溶剂又作为催化剂。废物随着氧气一起注入熔池中,在高温、催化和氧化作用下被破坏和降解为无害小分子状态。

（4）熔渣技术

可用于处理液体、污泥及金属轴承等废弃物。将需处理的废弃物同钢厂的炉灰及助熔剂混合、萃取后经熔炉尾气加热,喂入温度约为 1500℃ 的电弧炉上层熔铁形成泡沫渣层。废弃物投入熔渣相后,与熔融金属工艺一样,金属氧化物被还原为金属,所有的有机原料被还原为基本元素。

（5）熔融固化技术

熔融固化是美国、德国、日本等发达国家最推崇的固化处理技术。在1400℃ 以上,飞灰中有机物发生热分解、燃烧及气化,而无机物熔融形成玻璃质熔渣。

目前国内已经开发了多种熔融炉投入使用,上海某单位研制了 5000 kg/d垃圾焚烧飞灰旋流熔融炉,该炉属燃料熔融炉,处理能力可在 30%～100% 范围内调节,熔融炉烟气出口温度约为 1300℃,旋流熔融炉内温度可达 1350～1550℃,熔融灰在炉内停留 30 min 左右,二噁英可销毁 99.5% 以上,捕渣率≥95%。国内某企业引进德国鲁奇能捷斯危险废物熔渣焚烧技术,并结合中国国情对其进行相关技术的二次开发。该技术可以利用燃料的燃烧热及电热两种方式,即在高温（1400℃）的状况下,飞灰中的有机物发生热分解、燃烧及气化,无机物则熔融成玻璃质炉渣。熔渣工艺可用于处理液体、污泥及金属轴承等废弃物。

3.4.3　电弧等离子体技术

热等离子体是物质高温状态的一种形式,其基本成分为电子、正负离子、游离的中性原子、分子,正负带电粒子数量几乎相同,等离子体接近中性,导电性良好。根据内部电子的温度,等离子体可分为低温等离子体（离子温度低于电子温度）和高温等离子体（离子温度等于电子温度）。根据热力学平衡,低温等离子体可进一步分为热等离子体和非热等离子体。在低温热等离子体内,各种粒子的反应活性都很高。低温热等离子体的产生方法包括大气压下电极间的交流与直流电弧放电、常压电感耦合等离子体感应放电、常压微波放电等。电弧等离子体指电弧放电产生的低温热等离子体,反应区温度控制在 1500℃ 以上,将危险废物注入炙热的等离子体高温区,在如此高的温度、反应活性粒子和氧气的作用下,污染物分子被彻底分解,分解率可以高达 99.99% 以上,从而达到危险废物处置的目的。

等离子体处置技术的主要优点可以概括为:①热等离子体的高能量密度和

高温使得反应速度很快,炉内温度高于传统焚烧炉,且反应不依赖于自由基的存在,可以更有效地分解危险废物中含有的有害物质;②可以处理高浓度污染物,也可以处理低浓度污染物;③通过控制工作气氛,等离子体炉内处于负氧状态进行热解,使危险废物中含有的大有机分子裂解成 H_2、CH_4、CO 等可燃性小分子气体,有回收利用的可能;④处置工艺尾气量小,降温过程中可使气体快速冷却以抑制亚稳态和非平衡组合成分的出现,避免二噁英类物质合成;⑤炉内高温可将炉底的炉渣熔融,形成稳定性极好的玻璃体,使炉渣的回用成为可能;⑥与焚烧等技术相比,可以实现相对快速的启动和关闭,容易达到过程的稳定状态。

等离子体处置技术的主要缺点可以概括为:①受工作原理和进料机构的限制,有些等离子体技术只能适用于气相或液相污染物,有些只能处理固体,有些只能处理土壤,处理范围受限;②以电力作为能源,运行成本较高;③等离子体区温度很高,整个炉体的温度很高,对炉体耐火材料的要求很高,在高温状态下水分子对耐火材料的损害不容忽视;④等离子体过程具有更多的过程控制参数,从而在过程控制中要求自动化程度很高。

3.4.4 热脱附技术

热脱附技术是通过加热将挥发性和半挥发性有害化学物质转化成气态物质,使其从受到污染的介质(土壤、淤泥、沉淀物等)中分离出来,再将这些气化的有害物质用特殊容器收集起来进行安全处置,而处理后的干净受污介质被填回原处。热脱附系统根据炉型可分为直接接触旋转干燥炉系统和间接接触旋转干燥炉系统。

热脱附系统的尾气处理主要为三种类型的大气污染物:颗粒、有机蒸气和一氧化碳。湿式设备(如文丘里洗气器)和干式设备(如旋风机、布袋除尘器)可去除颗粒污染物;可设后燃室来分解有机污染物和氧化一氧化碳,分解效率可达 95%~99% 以上。

热脱附技术在处理危险废物过程中具有以下优点:①热脱附设备可进行原位处理,也可进行非原位处理,处理方式灵活;②热脱附技术处理速度较快,某些投产热脱附系统可达到 25 吨/小时的处理速度;③热脱附技术处理成本较低,不包括挖掘和运输费用,处理成本为 200~450 元/吨;④热脱附技术运用灵活,可与其他技术配合使用;⑤热脱附技术处理过的受污介质可就地处置,也可作为填埋场的表层土。

热脱附也存在以下不足:①需要进行土壤等介质挖掘,并且不能超过地表下 25 m 的限制;②原地处理需要较大的地方来放置处理设备和土壤等介质;③异地处理运输成本较高;④含水受污介质的处理,必须经过脱水过程以除去受污介质中的高水分。

3.4.5 化学还原技术

还原反应一般认为是对有机化合物加氢脱氧的反应,危险废物类有机化合物的化学性质非常稳定,然而活性氢[H]具有很强的反应活性,可以与其发生取代反应,使得危险废物类有机化合物毒性去除。通过化学反应产生活性氢[H]作为还原剂处置危险废物类有机化合物的技术统称为化学还原技术,包括气相化学还原、碱性催化分解、机械化学法(球磨法)、钠还原法、溶解电子技术、Sonic 技术和碱金属聚乙烯醇盐法等。

(1) 气相化学还原

在 850℃以上温度下利用氢气与危险废物中有机成分进行反应。氯代烃类、PCDDs 及其他 POPs 发生化学反应还原为甲烷和 HCl,该还原反应的效率由于水的存在而加强,水在此过程中扮演热交换剂及供氢源的角色。因此,进料不需要脱水而直接处理。水转移反应将甲烷和水反应生成氢、一氧化碳及二氧化碳。其反应机理如下:

$$C_m H_n O_p Cl_q + \frac{4m + 2p + q - n}{2} H_2 \xrightarrow{\geqslant 850℃\ 催化剂} m CH_4 + p H_2O + q HCl$$

固态及整块的废弃物放入热还原批式处理器,在密封及无氧条件下加热至 600℃。有机成分挥发后进入气相化学还原反应器,在 850~900℃时发生完全还原反应。气体离开反应器后经洗涤去除粉尘及酸,然后贮存待用。

(2) 碱性催化分解

碱性催化分解工艺采用由载氢体油、氢氧化碱金属和一种有专利的催化剂组成的混合试剂对废物进行处理,操作过程中将碱或碱土金属碳酸盐、重碳酸盐或氢氧化物加入污染物中。污染物为一种或多种卤代物或非卤代有机污染物。当混合物被加热到 300℃以上时,试剂产生化学性质高度活跃的氢原子。氢原子与所涉废物发生反应,去除使化合物带有毒性的成分。整个反应分为两个阶段:

$$POPs + NaHCO_3\ (1) \xrightarrow[315～500℃]{thermal\ desoprtion} condensate$$

$$(2) BCD\ LTR \longrightarrow decontaminated\ soil$$

碱性催化分解工艺适用于各种 POPs 废物。此种工艺应能销毁那些持久性有机污染物含量高的废物。实践表明,碱性催化分解工艺有能力处理具有高持久性有机污染物含量的废物,并能够适用于多氯联苯含量超过 30% 的废物。

(3) 机械化学脱卤/球磨法

将 POPs 废物、供氢剂及碱性金属混合进行球磨。在机械和化学力的作用

下,POPs废物和其他试剂发生还原脱氯反应,如PCBs会和镁发生反应生成联苯和氯化镁。球磨法的反应机理如下:

$$C_m H_n O_p Cl_q + Na/Mg + H \text{ donor} \xrightarrow{\text{Ball mill}} \text{Reduced organics} + NaCl/MgCl_2$$

机械化学脱卤法适宜于处理高浓度POPs污染土壤、底泥及固液混合废物。常用的碱性金属包括碱金属、碱土金属、铝、锌或铁。供氢剂包括醇、醚、氢氧化物和氢化物。处理后的产物为无毒的有机物和盐类。

（4）钠还原法

指对带有散状碱性金属的废物进行处理。碱性金属与卤化废物中的氯发生反应,产生盐和非卤化废物。通常这一工艺在60～180℃和常压下进行。此种工艺也有若干种不同的变异处理方式,有时也会使用钾或钾钠合金或其他有机金属试剂作反应剂,但通常使用的还原剂仍为金属钠。其反应机理如下:

$$C_m H_n O_p Cl_q + Na \xrightarrow{\text{Ball mill}} NaCl + \text{Non-halogenated organics}$$

（5）溶解电子技术

通过溶解电子溶液将有机物成分还原为金属盐及其母体分子（脱卤）。溶解电子溶液是由苛性碱或碱土金属（如钠、钙和锂）溶解于无水液态氨类溶剂形成的一种强还原剂。

（6）Sonic技术

包括Terra-Kleen溶剂萃取和Sonoprocess^{TM}处理两部分,可处理低浓度和高浓度的POPs污染物。Terra-Kleen溶剂萃取技术是一种被动的萃取系统,可以将PCBs、石油碳氢化合物、含氯碳氢化合物、多环芳烃、PCDD/Fs等从土壤、沉积物、污泥及碎片中分离、浓缩,可有效地将有机物和精炼原料中污染物浓缩到最小体积。在Terra-Kleen工艺中,污染的土壤首先与溶剂混合,然后将混合物放在由低频发生器（专有技术）产生的声场中。在声能作用下,混合物摇动,土壤中的PCBs被萃取出来悬浮在溶剂中,然后使用多级液体分离器将溶剂与混合物分离。土壤经现场处理后返回原地,Terra-Kleen工艺从土壤中萃取的挥发性半挥发性有机污染物,其高浓度物质将作为Sonoprocess^{TM}过程的原料进行最终处理。Sonoprocess^{TM}是用化学方法销毁液态或泥状多氯联苯和其他持久性有机污染物的技术。在处理过程中,溶剂与钠元素混合,用声能激活溶剂中PCBs的脱氯过程。用过的溶剂可以通过系统再生循环使用。系统的所有尾气通过冷凝、除雾和多级碳过滤处理。

（7）碱金属聚乙烯醇盐法

该技术的操作温度为100～180℃。约有一半的乙二醇用作氢离子置换反应脱氯。乙二醇开始也被用作碱性催化分解工艺的氢源来破坏有毒污染物（现在碱性催化分解工艺使用高沸点油作为氢源）。

化学还原技术的主要优点有：①极高的废物破毁率；②处理后固体残渣少；③适用于各种POPs废物；④可以设计为移动式及大规模处理；⑤具有丰富处理POPs污染物的经验。化学还原技术的主要缺点有：①使用氢或者碱金属作为反应剂产生的安全问题；②工艺和操作过程比较复杂；③处理低浓度污染物和小规模时成本相对较高。

3.4.6 高级氧化技术

高级氧化技术包括超临界水氧化、臭氧/放电销毁、电化学氧化法和催化氧化技术。

（1）超临界水氧化（SCWO）

超临界状态是物质的一种特殊流体状态，当把处于气液平衡的物质加压升温时，液体密度减小，而气相密度增大，当温度和压力达到某一点时，气液两相的相界面消失，成为一均相体系，这一点就是临界点。当物质的温度和压力分别高于临界温度和临界压力时就处于超临界状态。水是一种最普通和最重要的溶剂，水临界点是$373.976\,℃$、$22.055\,\mathrm{MPa}$。在超临界状态下，水表现出与常温下不同的物理化学性质。随着温度升高，水的介电常数逐渐降低。在标准状态下，水的介电常数为78.5，而在$500\,℃$的超临界状态下，水的介电常数约为2。此时，超临界水成为有机物的良好溶剂，并且能与空气、氧气等其他气体完全互溶，而无机盐在超临界水中的离解常数和溶解度却很低。由于超临界水气液相界面消失，流体传输力改善，其黏度低、扩散性高、表面张力为零，向固体内部细孔中的浸透能力非常强，因此，超临界水中的化学反应速率比通常条件下快得多。有机物质溶解入超临界水中，与O_2完全混合，相界面消失，形成单一相，有机物与氧气能够自由均相反应，反应速度得到了急剧提高。经超临界氧化反应，C转化为CO_2，H转化为H_2O，有机物中的Cl转化为氯化物离子，硝基化合物转化为硝酸盐，S转化为硫酸盐，P转化为磷酸盐。反应完成后，即生成了包括水、气体和固体的混合物，排放的气体中无NO_x、酸气（如HCl或SO_x等）和粉尘微粒等，CO的含量低于$10\,\mathrm{ppm}$。

SCWO技术的优点可以概括为：①绿色化学，环境友好，且用途广泛；②对难分解性有机物的高处理效率（99.9999%以上）；③排放的气体中无NO_x、酸气和粉尘等二次大气污染物；④处理水满足法律上的排放水标准，存在极微量的有机物；⑤可进行多样浓度的废水处理（ppm～%）；⑥氧化反应非常快，可使超临界水氧化装置设计上更加小型化，结构更紧凑；⑦无须进行二次处理。SCWO技术的缺点可以概括为：①高腐蚀速度，选择反应釜的材质极难；②无机物溶解度减小，诱发工程堵塞，连续运转难；③较高的初期投资费用；④在此反应温度下,二噁英是否不会再合成还缺乏实验数据证实。

目前国内有关超临界水氧化工艺和设备的专利有超临界水氧化处理废水工艺、超临界水氧化废水处理中的反应器、一种使用超临界水氧化处理废水的方法、废弃有机废液无污染排放和资源利用的超临界水处理系统和废旧电池超临界水氧化处理装置等。

(2)臭氧/放电销毁

通过直接放电或间接放电产生臭氧来处理含 VOC 及含二噁英和呋喃的气流,可以使 NO/NO$_2$、SO$_2$ 及二噁英和呋喃处理一步完成,间接处理可以去除实际工业气体中 90% 的二噁英类。

(3)媒介电化学氧化

基本原理是使污染物在电极上发生直接电化学反应或间接电化学转化,即直接电解和间接电解。间接电解是指利用电化学产生的氧化还原物质作为反应剂或催化剂,使污染物转化成毒性更小的物质。媒介电化学氧化是间接电解中的可逆过程,通过电解池阳极反应产生具有强氧化作用的中间物质,如铈 Ce(Ⅳ)和银 Ag(Ⅱ),利用这些氧化物作为反应剂或催化剂,使有机污染物氧化,最终转化为无害的 CO$_2$ 和水,而与碳连接的氯转化成了分子态氯。中间物质可通过电解再生,循环使用。目前,国际上研究比较成熟的技术有以下两种:CeRO$_x$^{TM} 和 AEA Silver Ⅱ^{TM}。

(4)催化氧化技术

催化技术针对性较强,除催化氢化技术外,其他技术目前难于形成工业化规模的应用技术,但可以作为其他技术的辅助技术联合应用。主要有 MnO$_x$/TiO$_2$-Al$_2$O$_3$ 催化剂降解、基于 TiO$_2$ 的 V$_2$O$_5$/WO$_3$ 催化及 Fe(Ⅲ)光催化降解等。

高级氧化技术的主要优点是二噁英形成概率很低、操作条件比较温和、废物排放和残渣量小及可以实现模块化及移动式工艺,其局限性和缺点有商业化大规模运行经验比较缺乏、运行过程实际监测数据较少、电解质膜对固体颗粒比较敏感及对不溶于水的物质处理效果不明显。

3.4.7 医疗废物非焚烧处理技术

1. 医疗废物高温蒸汽处理技术

医疗废物高温蒸汽处理技术是指利用水蒸气释放出的潜热使病原微生物发生蛋白质变性和凝固,对医疗废物进行消毒处理,常用的有先蒸汽处理后破碎和蒸汽处理与破碎同时进行两种工艺形式。

先蒸汽处理后破碎工艺的处理装置包括进料、预排气、蒸汽供给、消毒、排

气泄压、干燥、破碎等工艺单元,工艺流程如图 3-3 所示。

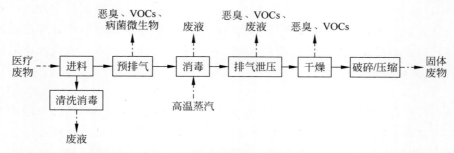

图 3-3 医疗废物高温蒸汽技术先蒸汽处理后破碎的工艺流程和产污环节

蒸汽处理与破碎同时进行工艺的处理装置包括进料、蒸汽供给、搅拌破碎+消毒、排气泄压、干燥等工艺单元,工艺流程如图 3-4 所示。

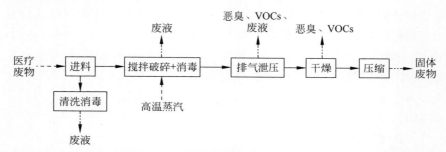

图 3-4 医疗废物高温蒸汽技术蒸汽处理与破碎同时进行的工艺流程

2. 医疗废物化学消毒处理技术

医疗废物化学消毒集中处理技术可选择干化学消毒、环氧乙烷消毒等处理工艺。干化学消毒处理工艺采用破碎和化学消毒同时进行的工艺流程,其典型工艺流程如图 3-5 所示。

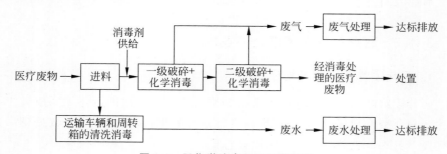

图 3-5 干化学消毒处理工艺流程

　　干化学消毒集中处理工程的工艺参数要求如下：①干化学消毒剂投加量应在 0.075～0.12 kg/kg 医疗废物范围内，喷水比例应在 0.006～0.013 kg/kg 医疗废物范围内，消毒温度应≥90℃，反应控制的强碱性环境 pH 值应在 11.0～12.5 范围内；②干化学消毒剂与破碎后的医疗废物总计接触反应时间应＞120 min。

　　环氧乙烷消毒处理工艺采用先消毒后破碎的工艺流程，其典型工艺流程如图 3-6 所示。

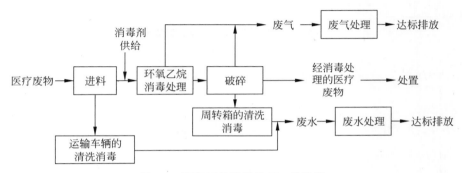

图 3-6　环氧乙烷消毒处理工艺流程

　　环氧乙烷消毒集中处理的工艺参数要求如下：①环氧乙烷浓度应≥900 mg/L，消毒温度应控制在 54℃±2℃范围内，消毒时间应≥4 h，相对湿度应控制在 60%～80%范围内，初始压力应为－80 kPa 的真空环境；②消毒后的医疗废物应暂存解析 15～30 min，暂存解析应在负压状态下运行，环氧乙烷解析室废气应经统一收集处理后达标排放。

3. 医疗废物微波消毒处理技术

　　医疗废物微波消毒集中处理技术的工艺可选择单独微波消毒处理工艺或微波与高温蒸汽组合消毒处理工艺，典型处理工艺流程分别如图 3-7、图 3-8 所示。集中处理工程应根据处理规模和处理工艺合理配置微波发生器的数量、功率及蒸汽供给量，确保达到消毒处理效果。

　　医疗废物微波消毒集中处理工艺参数要求如下：①采用单独微波消毒处理工艺时，微波频率应采用（915±25）MHz 或（2450±50）MHz，消毒温度应≥95℃，消毒时间应≥45 min；②采用微波与高温蒸汽组合消毒处理工艺时，微波频率应采用（2450±50）MHz，压力应≥0.33 MPa，消毒温度应≥135℃，消毒时间应≥5 min。

　　集中处理工程单独微波消毒处理工艺应在微负压下运行；微波与高温蒸汽

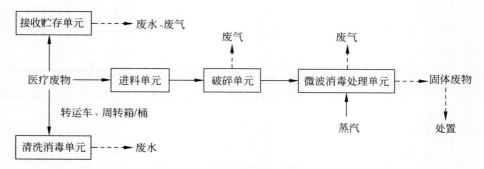

图 3-7　单独微波消毒处理工艺流程

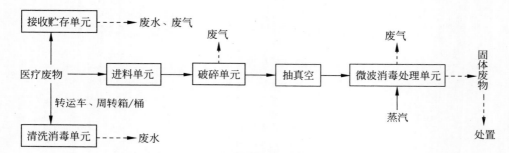

图 3-8　微波与高温蒸汽组合消毒处理工艺流程

组合消毒处理工艺应配备处理过程中防止消毒舱舱门开启的设施。

4.医疗废物高温干热处理技术

医疗废物高温干热处理工艺流程可分为医疗废物处理系统、抽气＋尾气净化系统、加热系统及自控系统三大部分。典型处理工艺流程如图 3-9 所示。

消毒器内压强为 300 Pa,接近真空。消毒器内温度为 180～200℃,处理时间不应少于 20 min,机械搅拌装置以不低于 30 r/min 的速度进行搅拌。干热处理设备运行过程应防止医疗废物消毒处理未完毕前人为停止设备运转。

5.医疗废物摩擦热消毒处理技术

医疗废物摩擦热处理技术工艺运行过程包括初步加热、加速升温、水分蒸发、高温消毒和喷淋冷却等阶段。典型处理工艺流程如图 3-10 所示。

设备消毒反应腔室应配备能实时监测内部废物实际温度的传感器,并将温度在自控系统中进行实时显示。进行摩擦热消毒处理时,反应腔室内部峰值温度应达到 150℃,且不应超过 200℃。内部温度≥135℃的高温消毒阶段应保证≥2 min 的持续时间,单批次消毒处理时间≥30 min。消毒处理结束后,喷淋

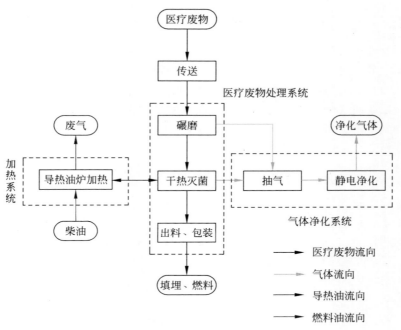

图 3-9 高温干热工艺流程(见文前彩图)

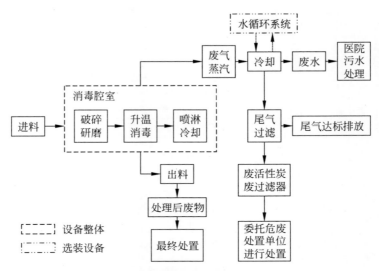

图 3-10 摩擦热处理技术工艺流程

冷却装置自动作用实现内部废物的冷却降温,保证废物温度降低至 $90\sim95℃$,
降温后废物自动被收集到出料装置中。

3.4.8 填埋处置技术

随着经济的快速增长,工业固体废物特别是危险废物对环境造成的威胁日益加剧。危险废物与生活垃圾不同,其危险特性是长期存在的,环境风险是长期存在的。安全填埋是世界各国广泛采用的危险废物最终处置方式,而在今后很长一段时间安全填埋仍将是我国危险废物的最终处置方式。因为即便使用了焚烧处理的方法,其中仍有约10%的灰分和不可燃物质是典型的危险废物,需要进行安全填埋。

1. 填埋场的分类和要求

危险废物的填埋场分为柔性填埋场和刚性填埋场。柔性填埋场是指采用双人工复合衬层作为防渗层的填埋处置设施,应设置两层人工复合衬层之间的渗漏检测层,它包括双人工复合衬层之间的导排介质、集排水管道和集水井,并应分区设置。检测层渗透系数应大于 0.1 cm/s。刚性填埋场是采用钢筋混凝土作为防渗阻隔结构的填埋处置设施(图 3-11)。刚性填埋场设计应符合以下

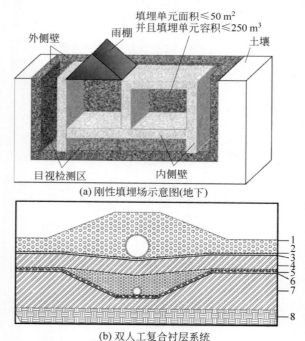

(a) 刚性填埋场示意图(地下)

(b) 双人工复合衬层系统

1—渗滤液导排层;2—保护层;3—主人工衬层(HDPE);4—压实黏土衬层;
5—渗漏检测层;6—次人工衬层(HDPE);7—压实黏土衬层;8—基础层

图 3-11 危险废物填埋场系统构成[46]

规定:①刚性填埋场钢筋混凝土的设计应符合 GB 50010 的相关规定,防水等级应符合 GB 50108 一级防水标准;②钢筋混凝土与废物接触的面上应覆有防渗、防腐材料;③钢筋混凝土抗压强度不低于 25 N/nm^2,厚度不小于 35 cm;④应设计成若干独立对称的填埋单元,每个填埋单元面积不得超过 50 m^2 且容积不得超过 250 m^3;⑤填埋结构应设置雨棚,杜绝雨水进入;⑥在人工目视条件下能观察到填埋单元的破损和渗漏情况,并能及时进行修补。

2. 危险废物填埋场允许填埋的废物

下列废物不得填埋:医疗废物;与衬层具有不相容性反应的废物;液态废物。除了不能填埋的废物,满足下列条件或经预处理满足下列条件的废物,可以进入柔性填埋场:①根据《固体废物 浸出毒性浸出方法 硫酸硝酸法》(HJ/T 299)制备的浸出液中有害成分浓度不超过表 3-4 中允许填埋控制限值的废物;②根据《固体废物腐蚀性测定玻璃电极法》(GB/T 15555.12)测得浸出液 pH 值在 7.0～12.0 的废物;③含水率低于 60% 的废物;④水溶性盐总量小于 10% 的废物,测定方法暂时按照 NY/T 1121.16 执行,待中国发布固体废物中水溶性盐总量的测定方法后执行新的监测标准;⑤有机质含量小于 5% 的废物,测定方法按照《固体废物有机质的测定灼烧减量法》(HJ 761)执行;⑥不再具有反应性、易燃性的废物。除了不能填埋的废物,不具有反应性、易燃性或经预处理不再具有反应性、易燃性的废物可进入刚性填埋场。砷含量大于 5% 的废物(测定方法按照表 3-4 执行),应进入刚性填埋场处置。

表 3-4 我国水泥窑协同处置危废项目及企业分布

序号	项　　　目	稳定化控制限值 /(mg/L)	检测方法
1	烷基汞	不得检出	GB/T 14204
2	汞(以总汞计)	0.12	GB/T 15555.1、HJ 702
3	铅(以总铅计)	1.2	HJ 766、HJ 781、HJ 786、HJ 787
4	镉(以总镉计)	0.6	HJ 766、HJ 781、HJ 786、HJ 787
5	总铬	15	GB/T 15555.5、HJ 749、HJ 750
6	六价铬	6	GB/T 15555.4、GB/T 15555.7、HJ 687
7	铜(以总铜计)	120	HJ 751、HJ 752、HJ 766、HJ 781
8	锌(以总锌计)	120	HJ 766、HJ 781、HJ 786
9	铍(以总铍计)	0.2	HJ 752、HJ 766、HJ 781
10	钡(以总钡计)	85	HJ 766、HJ 767、HJ 781

续表

序号	项 目	稳定化控制限值 /(mg/L)	检测方法
11	镍(以总镍计)	2	GB/T 15555.10、HJ 751、HJ 752、HJ 766、HJ 781
12	砷(以总砷计)	1.2	GB/T 15555.3、HJ 702、HJ 766
13	无机氟化物(不包括氟化钙)	120	GB/T 15555.11、HJ 999
14	氰化物(以 CN 计)	6	暂时按照 GB 5085.3 附录 G 方法执行,待国家固体废物氰化物检测方法标准发布实施后,应采用国家监测方法标准

第4章
面向"无废"的危险废物处置
先进技术案例

4.1 源头减量与资源化利用技术

4.1.1 浮渣和清罐底泥的减量化无害化处置技术

1. 适用范围

单线产能 2×10^5 m³/a 及以上的浮渣和清罐底泥的减量化无害化处置。

2. 工艺路线及参数

采集全国各大典型油田开采区的油泥样品,进行采集分析并建立大数据库,开展表面活性剂清洗罐底油泥实验并构建表面活性剂配方体系。基于表面活性剂的热水洗工艺,探究不同油泥特性的清洗工艺方案,开发落地油泥清洗设备技术并集成示范应用。借助水洗温度、时间、固液比值单因素实验及正交实验,通过药剂筛选,优化清洗参数。

3. 主要技术指标

清罐底泥热水洗技术的热洗温度在 $60\sim85$℃,药剂与水的质量比为 $1:3\sim1:4$,热洗时间为 1 h,离心转速为 2000 r/min 得到的清洗效果较优。

4. 技术特点

清洗技术达到《油气田钻井固体废弃物综合利用污染控制要求》(DB 65T 3997—2017)标准,实现污染物削减率>90%,安全利用率>95%;处理后土壤含油率＜2％,含水率＜40％,重金属等各项指标均低于行业标准,实现油泥固废物循环利用,达标排放。

4.1.2　重金属废物资源化利用技术

1. 含砷重金属冶炼废渣治理与资源化利用技术

1) 适用范围

有色冶炼含砷多金属物料、含砷危废等无害化与资源化处理。

2) 工艺路线及参数

工艺路线及参数如图 4-1 所示。

◆ 工艺路线及参数

采用自行研发的选择性脱砷剂为原料,在高压富氧条件下对含砷物料进行选择性脱砷处理。反应完成后,脱砷液经砷矿相调控技术及含砷危废高效安全处置技术,形成稳定的高密度固砷体。脱砷渣经过氯盐浸出、分步水解及低温吹炼技术,可分别回收废渣中的铜、铋、锑、银等有价金属。

砷多金属物料处理厂流程　　有色冶炼含砷工艺路线及参数

含砷物料经干燥和球磨车间配料后,采用脱砷剂在高压富氧条件下选择性脱砷,料浆经冷却、过滤后,滤液中砷经亚铁盐空气氧化转化为稳定的臭葱石,经低增容固砷技术形成高密度固砷体;脱砷渣经控电位浸出实现铋、铜与铅、锑等的分离,铋、铜通过分步水解富集回收,含铅、锑物料中的铅、银、锑则通过低温富氧熔池熔炼进行回收利用。

图 4-1　工艺路线及参数

3) 主要技术指标

主要技术指标如图 4-2 所示。

2. "蒸压-沉淀吸收-浮选"黄金冶炼氰化渣除氰和金属回收技术

1) 适用范围

精金矿氰化渣无害化和综合利用。

2) 工艺路线及参数

工艺路线及参数如图 4-3 所示。

砷源头脱除率达97.42%；含砷危废高效安全处置技术可实现砷浸出毒性降低至0.36 mg/L，与水泥固化技术相比，体积可减少80%，彻底消除了砷的无序分散对生态环境的污染；有价金属锑铋回收率大于95%。

> **技术特点**
>
> 重点围绕重金属冶炼含砷固废的治理与高值、安全利用技术展开创新性研究。研制了高选择性捕砷剂，发明了选择性脱砷、无砷物料有价金属梯级分离的新工艺。建立仿天然矿物的砷稳定矿相重构方法，突破高毒性砷渣危废处置工程难题，形成了满足各种固砷需求的系列技术。

含砷多金属物料处理厂

图 4-2 主要技术指标

黄金冶炼氰化渣除氰和金属回收技术

采用蒸压的方法水解氰化渣中的氰化物。将氰化渣装进特制蒸压釜，在温度170~190℃、压力0.8~1 MPa条件下保温反应12 h，用吸收水塔吸收蒸汽中的氨，采用磷酸铵镁沉淀法沉淀吸收液中的氨氮，处理后的氰化渣浮选得到高品质硫精矿，无废水排放。

处理后氰化尾渣为二次可利用资源，黄铁矿的强抑制剂氰化物已经被水解，所以蒸压处理后的氰化尾渣有着较好的利用前景。可以采用浮选的方法，得到含硫大于48%的高品质硫精矿，选矿后的尾矿可用于生产建筑材料原料。

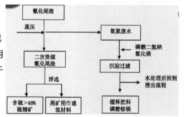

黄金冶炼氰化渣除氰和金属（蒸压-沉淀吸收-浮选）回收工艺路线

图 4-3 工艺路线及参数

3）主要技术指标

处理后氰化渣浸出液中氰化物浓度＜1 mg/L，一次性除氰率达 99.5％以上；浮选渣含硫量＞48％。

4）技术特点

①实现了氰化渣解毒和资源化利用。②工艺简单，除氰效果好，工业投资和运行费用低，一次性解决危险固废，不带来二次污染，并且进行了资源的二次利用，有效地将危险固废清洁转化成二次资源进行综合回收利用，可实现黄金氰化冶炼的清洁生产目标。③通过多次精选能得到硫品位 52.87％的硫精矿，

硫回收率达 78.65%。按每年产生的氰化尾渣约 1×10^4 t,处理前硫品位 22%,浮选后硫品位 48%、金 6 g/t 计算,每年可生产 3244 t 高品位硫精矿,同时约可回收 19.5 kg 黄金、80 kg 金属银,可达到减量排放、减少污染的目的,又可节约资金。

3."化学活化-粗选-精选"黄金冶炼氰化渣除氰和金属回收技术

1)适用范围

黄金行业金品位 ≥2 g/t、处理规模 ≥200 t/d 氰化渣的资源化和无害化。

2)工艺路线及参数

氰化渣浮选脱泥预处理后,加入活化剂进行化学活化并除去氰化物,然后用磨矿进行物理活化,采用一次粗选-四次扫选-三次精选流程,通过浮选柱和浮选机联用高效回收氰化渣中的金,实现氰化渣无害化。

将生物氧化氰化浸渣浮选脱泥预处理后(脱泥后的矿物称为预处理产品),加入活化剂进行化学活化并除去氰化物,然后用磨矿进行物理活化,采用一次粗选-四次扫选-三次精选流程,通过浮选柱和浮选机联合应用高效回收氰化浸渣中的金,并实现氰化尾渣无害化。

3)主要技术指标

主要技术指标及特点如图 4-4 所示。

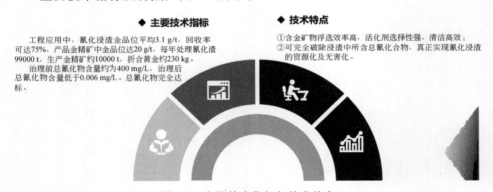

◆ 主要技术指标

工程应用中,氰化浸渣金品位平均3.1 g/t,回收率可达75%;产品金精矿中金品位达20 g/t,每年处理氰化渣99000 t,生产金精矿约10000 t,折合黄金约230 kg。

治理前总氰化物含量约为400 mg/L,治理后总氰化物含量低于0.006 mg/L。总氰化物完全达标。

◆ 技术特点

①含金矿物浮选效率高,活化剂选择性强,清洁高效;

②可完全破除浸渣中所含总氰化合物,真正实现氰化浸渣的资源化及无害化。

图 4-4　主要技术指标与技术特点

4. 钢铁烟尘及有色金属冶炼渣资源化清洁利用新技术

1)主要技术指标

锌冶炼总回收率 >88.00%,火法锌回收率 >93.00%,湿法炼锌回收率 >95.00%,湿法炼锌直流电耗为 2850～2950 kW·h/(t Zn),湿法炼锌电解效率 >92.5%,熔铸回收率 >99.68%,铟冶炼回收率 >82.00%,铅直收率＞99.00％,镉直收率＞98.00％,新水用量＜5.00 m³/(t Zn)。

2）范围及工艺路线

范围及工艺路线如图 4-5 所示。

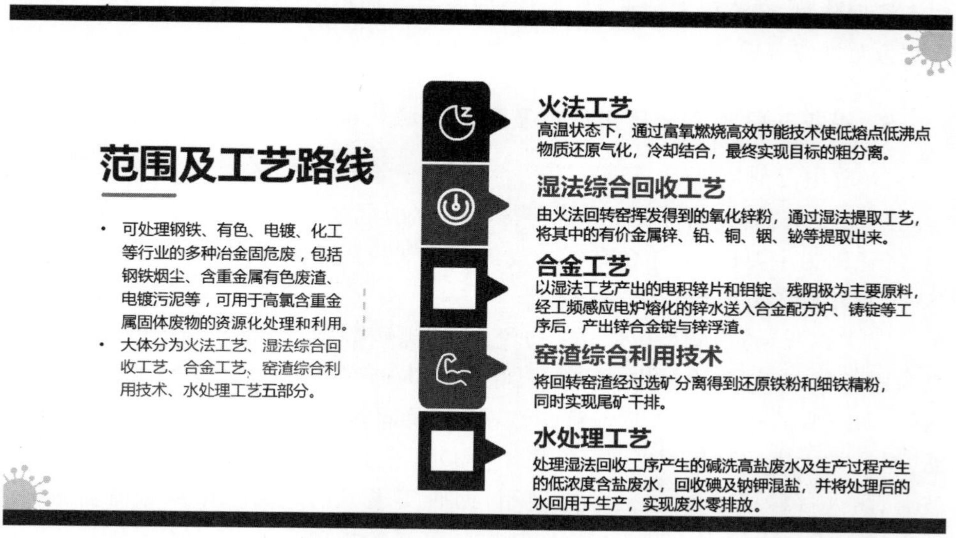

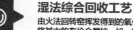

范围及工艺路线

- 可处理钢铁、有色、电镀、化工等行业的多种冶金固危废，包括钢铁烟尘、含重金属有色废渣、电镀污泥等，可用于高氯含重金属固体废物的资源化处理和利用。
- 大体分为火法工艺、湿法综合回收工艺、合金工艺、窑渣综合利用技术、水处理工艺五部分。

火法工艺
高温状态下，通过富氧燃烧高效节能技术使低熔点低沸点物质还原气化，冷却结合，最终实现目标的粗分离。

湿法综合回收工艺
由火法回转窑挥发得到的氧化锌粉，通过湿法提取工艺，将其中的有价金属锌、铅、铜、铟、铋等提取出来。

合金工艺
以湿法工艺产出的电积锌片和钼锭、残阴极为主要原料，经工频感应电炉熔化的锌水送入合金配方炉、铸锭等工序后，产出锌合金锭与锌浮渣。

窑渣综合利用技术
将回转窑渣经过选矿分离得到还原铁粉和细铁精粉，同时实现尾矿干排。

水处理工艺
处理湿法回收工序产生的碱洗高盐废水及生产过程产生的低浓度含盐废水，回收碘及钠钾混盐，并将处理后的水回用于生产，实现废水零排放。

图 4-5　范围及工艺路线

3）技术指标

工艺技术指标见表 4-1。

表 4-1　工艺技术指标

工艺技术指标	生产技术指标值
锌冶炼总回收率/%	＞88.00
火法锌回收率/%	＞93.00
湿法炼锌回收率/%	＞95.00
湿法炼锌直流电耗/[kW·h/(t Zn)]	2850～2950
湿法炼锌电解效率/%	＞92.5
熔铸回收率/%	＞99.68
因冶炼回收率/%	＞82.00
铅直收率/%	＞99.00
镉直收率/%	＞98.00
新水用量/[m³/(t Zn)]	＜5.00

4）技术特点

从含重金属废物中提取出锌、铟、铅、镉、铋、锡、铊、碘等多种有价元素，以及铁精粉、还原铁粉等工业产品，生产流程的余热用于配套发电，无害尾渣用于生产环保建材，全流程零排水、零排渣；回收钢铁烟尘中的碘，填补了我国从废水中提取紧缺资源碘技术的空白，并为钢铁烟尘的资源化综合利用开发了新产品。

5. 铝灰三段脱氨无害化处理及深度资源化综合利用

1）适用范围

适用于电解铝、再生铝、熔铸铝行业产生的危险固废铝灰，以金属铝、氧化铝、氮化铝为主要成分，并含有氟盐或氯盐熔剂的危险固体废物。

2）工艺路线及参数

二次铝灰通过循环用水水浸初脱氨、制浆再脱氨、催化剂深度脱氨三段脱氨及固氟处理工艺，铝灰中残余的氮化铝基本彻底分解，释放氨气和大量的水蒸气，氨气吸收得到氨水生产硫酸铵，脱氨及固氟处理得到料浆，经过滤机过滤，滤饼为无害化高铝料产品，含水量为 20%～30%，可作为生产氧化铝、陶瓷、玻璃、耐火材料、建筑材料的原料使用，彻底实现了铝灰无害化及深度资源化。处理过程无二次污染，无废水废渣排放，尾气达标排放。

基于氮化铝催化水解技术，采用自主研制的氮化铝专用催化剂、成套技术装备，以及开发的铝灰加水或氨水（脱氨循环用水）化浆初脱氨、制浆再脱氨、催化剂终脱氨三段工艺，形成了铝灰全封闭无害化与深度资源化处理及综合利用体系，通过反应时间与温度精准控制，避免了剧烈脱氨催化反应，确保了脱氨析出氨气安全并集中回收。同时，将催化脱氨系统、氨气回收系统、固液分离系统等模块化集成，实现了铝灰中铝、氟、氮、氯等元素分离和提纯，大幅降低了处置成本，提高了铝灰资源化利用效率和价值，源头避免了二次污染。

3）主要技术指标

研发的三段法脱氨工艺及氮化铝水解专用催化剂，脱氨有序可控进行，脱氨率均达到 99% 以上，残留氮化铝含量小于 0.5%，氨气回收率达到 95% 以上。该技术处理每吨铝灰碳减排量不低于 976 kg 二氧化碳。过滤滤料脱水率≥85%，铝灰脱氨率≥90%，滤料氨气释放率为 0.5 mg/(kg·s)，滤料浸出液氟离子浓度≤100 mg/L，氨气回收率≥95%，铝灰处理过程中粉尘收集效率大于99%；颗粒物排放浓度低于 20 mg/m³，铝灰处理全过程氨气无组织排放浓度≤10 mg/m³。

4）技术特点

该技术采用全湿法处理工艺，具有适用范围广，成熟度高，具有无害化彻底、能耗低、处理成本低、投资小及收效快等优势。铝灰全封闭无害化及深度资源化处理成套绿色低碳智能高端环保装备能耗低、投资小、自动化程度高,实现了自动化、智能化连续运行生产。产品可作为生产原料,制造高级陶瓷、耐火材料、环保净水剂及无机人造砖等。

6. 新型环保退锡及锡再生循环系统

1)适用范围

适用于印制电路板(printed circuit board,PCB)企业碱性蚀刻线退锡工艺、表面处理行业不良品退镀、返修、镀锡钢带(马口铁)、家电拆解、含锡电子零部件回收处理等行业。

2)工艺路线及参数

(1)技术原理

退锡原理:使用低浓度硝酸配合高效退锡设备浸泡式退锡,高效退锡设备包含的特制毛刷、超声波、特殊水刀弥补了低浓度硝酸反应慢的问题,浸泡式退锡减少了二价锡离子的氧化,有利于金属锡的回收。

回收金属锡原理:电解技术回收金属锡,$Sn^{2+}+2e^-=Sn$。

退锡液再生原理:通过药水检测,补充消耗组分,可使药水循环再生使用。

(2)工艺流程

采用含低浓度硝酸的退锡液将 PCB 表面金属锡溶解到退锡液中,在回收前先对饱和浓度退锡液进行前处理,确保回收品质,经过前处理的饱和浓度退锡液进行锡的电解回收,在直流电的作用下得到金属锡。对于回收完成的饱和浓度退锡液,检测其物质消耗情况,补充所消耗组分含量,使其恢复退锡能力。

3)主要技术指标

(1)外观:透明或红棕色;

(2)比重:温度为 30±1℃时,比重为 1.110～1.125;

(3)酸度:温度为 30±1℃时,酸度为 2.1～2.4;

(4)锡浓度:温度为 30±1℃时,锡浓度为 6～42 g/L;

(5)硝酸浓度:硝酸浓度体积比≤5%。

4)技术特点

(1)环保型退锡液:与新型自动化设备相互配合,有效减少硝酸使用,减排退锡废液(HW17)约 90%以上、减排氮氧化物 90%以上,提高企业药剂重复利用率,减少含重金属危废(HW34)的产生量,提升企业清洁生产水平;配套在线循环再生系统,可使退锡液再生后循环使用,整个生产过程中,无废水、废气产生,同时回收了纯度很高的金属锡。

（2）电解提锡技术：利用电解技术、氧化还原能够把重金属锡提纯再生，且药剂循环使用。

（3）浸泡式环保高效退锡设备：该退锡设备配合新型环保退锡液使用，增加了退锡液与 PCB 板的接触面积，强化退锡均匀度，且浸泡式退锡减少了退锡液与空气的接触，降低了锡离子氧化。退锡液进入退锡槽采用上下喷管对冲的方式，既增加了退锡液的循环，也通过一定的压力加快了退锡速率，退锡过程中采用独特的毛刷结构，对退锡也有一定的机械退除作用，采用超声波装置，提高了退锡速率，解决了喷淋退锡时孔内退锡液贯穿性不强的问题。

4.1.3　废工业油品资源化利用技术

1. 工业油品在线系统净化循环再利用技术

1）适用范围

该技术应用于钢铁、铝加工、锻压、建材、不锈钢制造、电解铜、煤焦化、石油企业未经混合的工业企业各种油品，且闪点＞60℃，运动黏度（40℃）＞3～350 mm^2/s（变压器油除外）（图 4-6）。

图 4-6　工业油品在线系统净化循环再利用项目设备

2）工艺路线及参数

利用人体血液透析原理，采用离心技术，完全物理净化。将净化设备进油口连接到工业企业液压油站主油箱放油口，将净化设备的出油口连接到工业企业液压油站顶部加油口，形成循环过滤条件，通过多次循环过滤，在不加温、不添加任何化学试剂的情况下对液压设备运行中使用的油品全系统实施油水、油渣、油气分离保养。使过滤后的油品 98％以上达到循环再利用条件，并且利用离心分离方式有效地在液压设备不停机的状态下对液压设备全系统进行净化养护。按照油品清洁度 NAS1638 7 级标准实施全系统管道在线净化，对水包油乳化液先进行破乳化除水，然后分步取样分析直至水及清洁度完全达标。99％以上未混合的单一品种成品油完全实现循环再利用。

3）主要技术指标

按照油品清洁度 NAS1638 7 级标准实施全系统管道在线净化。

4）技术特点

净化设备进油口连接到工业企业液压油站主油箱放油口,净化设备的出油口连接到工业企业液压油站顶部加油口,形成循环过滤条件,不加温、不添加任何化学试剂,利用人体血液透析原理,采用离心技术,完全物理净化。

2. 工业润滑油电吸附净化还原技术与装备

适用范围及主要技术指标如图 4-7 所示。

工业润滑油电吸附净化还原技术与装备工艺流程

◆ 适用范围

工业设备润滑系统用油的净化与还原,如钢铁行业、橡胶轮胎行业、金属冶炼行业、汽车制造行业、电力行业、矿山机械等工业设备较多、润滑油使用量较大的行业企业,能有效降低废润滑油的产生量。

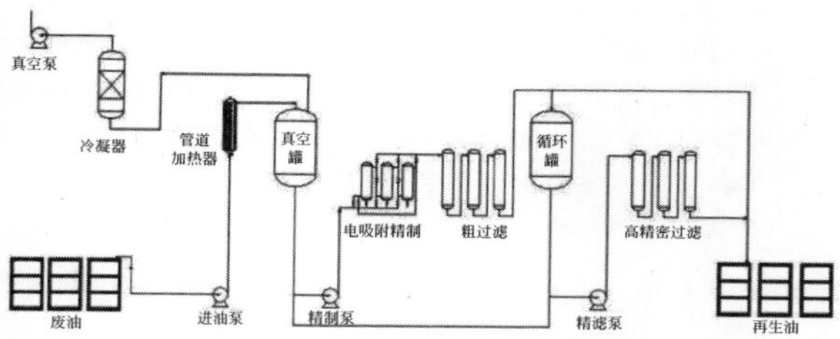

◆ 主要技术指标

工业设备产生的废润滑油经电吸附净化还原技术与装备进行净化还原后,超过95%的润滑油可实现回收与循环利用。

◆ 技术特点

电吸附净化还原技术利用经特殊改性处理的滤芯材料,采用主动吸附的方式实现润滑油中氧化物质的脱除,不仅能有效吸附过滤颗粒物机械杂质,还能对润滑油使用过程中氧化产生的极性物质进行深度吸附脱除,净化精度高。同时,滤芯为纤维状,孔径较大、不易堵塞;可以实现自身脱附再生,使用寿命长,成本低。

图 4-7 适用范围及主要技术指标

3. 振频磁能加热废润滑油循环利用再生技术

1）适用范围

废润滑油再生。

2）工艺路线及参数

工艺路线及参数如图 4-8 所示。

3）主要技术指标

主要技术指标如图 4-9 所示。

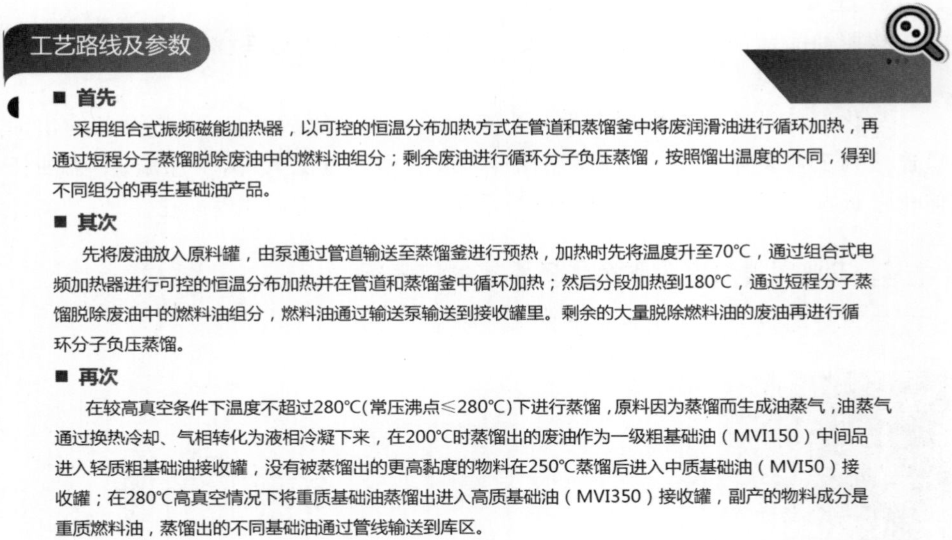

工艺路线及参数

- **首先**

  采用组合式振频磁能加热器,以可控的恒温分布加热方式在管道和蒸馏釜中将废润滑油进行循环加热,再通过短程分子蒸馏脱除废油中的燃料油组分;剩余废油进行循环分子负压蒸馏,按照馏出温度的不同,得到不同组分的再生基础油产品。

- **其次**

  先将废油放入原料罐,由泵通过管道输送至蒸馏釜进行预热,加热时先将温度升至70℃,通过组合式电频加热器进行可控的恒温分布加热并在管道和蒸馏釜中循环加热;然后分段加热到180℃,通过短程分子蒸馏脱除废油中的燃料油组分,燃料油通过输送泵输送到接收罐里。剩余的大量脱除燃料油的废油再进行循环分子负压蒸馏。

- **再次**

  在较高真空条件下温度不超过280℃(常压沸点≤280℃)下进行蒸馏,原料因为蒸馏而生成油蒸气,油蒸气通过换热冷却、气相转化为液相冷凝下来,在200℃时蒸馏出的废油作为一级粗基础油(MVI150)中间品进入轻质粗基础油接收罐,没有被蒸馏出的更高黏度的物料在250℃蒸馏后进入中质基础油(MVI50)接收罐;在280℃高真空情况下将重质基础油蒸馏出进入高质基础油(MVI350)接收罐,副产的物料成分是重质燃料油,蒸馏出的不同基础油通过管线输送到库区。

图 4-8 工艺路线及参数

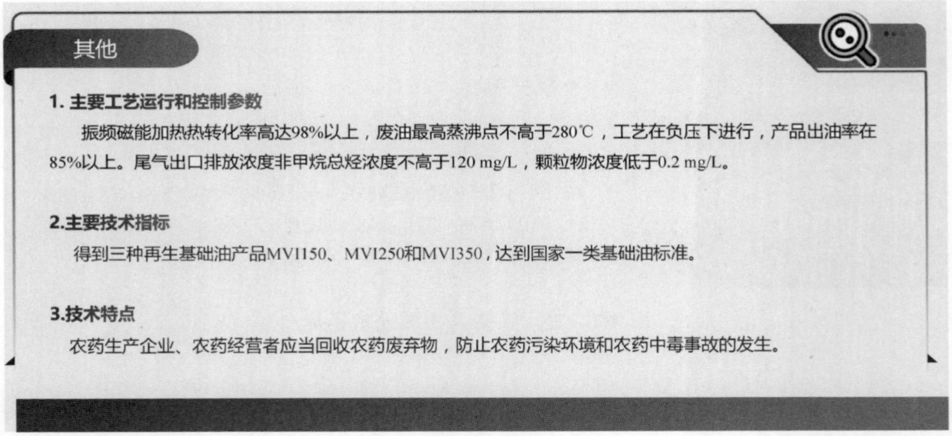

其他

1. 主要工艺运行和控制参数

振频磁能加热热转化率高达98%以上,废油最高蒸沸点不高于280℃,工艺在负压下进行,产品出油率在85%以上。尾气出口排放浓度非甲烷总烃浓度不高于120 mg/L,颗粒物浓度低于0.2 mg/L。

2.主要技术指标

得到三种再生基础油产品MVI150、MVI250和MVI350,达到国家一类基础油标准。

3.技术特点

农药生产企业、农药经营者应当回收农药废弃物,防止农药污染环境和农药中毒事故的发生。

图 4-9 主要技术指标、参数、特点

4. "旋风闪蒸-薄膜再沸+双向溶剂精制"废矿物油再生基础油技术

1) 适用范围

$3×10^4$ t/a～$2×10^5$ t/a 废矿物油再生基础油项目(图 4-10)。

2) 工艺路线和参数

废矿物油经过滤器过滤后预热送入脱轻闪蒸罐及脱轻质油塔,将其中的水

图 4-10　废矿物油提纯精制基础油工艺装置

及轻质油脱除,脱轻后的原料油经熔盐换热器加热后送馏分油回收塔回收馏分油,150SN 馏分油、350SN 馏分油从塔中间取出,渣油从塔底取出,取出的 150SN 馏分油、350SN 馏分油经换热后经静态混合器和 N-甲基吡咯烷酮(NMP)混合后送入 NMP 层析器,之后用泵送入 NMP 萃取塔,NMP 层析器 NMP 相经换热后送入 NMP 再生塔。NMP 抽提的抽余油经换热后送入 NMP 回收塔,回收的 NMP 返回 NMP 层析器。150SN 基础油、350SN 基础油从塔底抽出,抽出的 150SN 基础油、350SN 基础油进入汽提塔汽提,汽提后的 150SN 基础油、350SN 基础油进入脱气塔脱出水分后得到合格的基础油产品(150SN 基础油和 300SN 基础油)。生产过程产生的轻油和渣油收集后作为副产品外卖(图 4-11)。

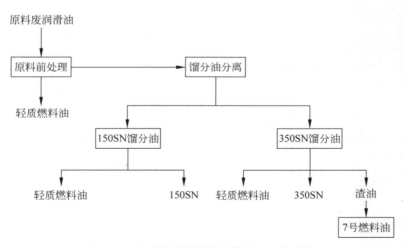

图 4-11　废矿物油提纯精制基础油工艺路线

3）主要技术指标

主要技术指标如图 4-12 所示。

主要技术指标

1. 原料油加热介质（或炉膛）温度：400～600℃；
2. 原料废油加热温度：320～340℃；
3. 馏分油减压塔汽化段真空度：133.3～400 Pa（1～3 mmHg）；
4. 减压蒸馏渣油收率（原料无水）：8%～10%；
5. 剂油比（溶剂：馏分油）:1:0.8～1:1.5(体积比)；
6. 溶解萃取温度：60～80℃；
7. 溶剂回收压力：减压：-0.090～-0.095 kPa；
8. 汽提蒸汽压力：0.2～0.6 MPa，用量（占油比）：0.02～0.04 t/t；
9. 脱气真空度：-0.092～-0.096。

技术特点

1. 加热介质温度低（<420℃）和原料废油加热温度低（<350℃），避免了原料废油裂解、焦化；极低的减压蒸馏塔全塔压力降（<200 Pa）和旋风薄膜蒸发，提高基础油馏分油蒸出率，降低减压渣油收率（<10%）；
2. 双向溶剂萃取不仅提高基础油收率（多3%～8%）；而且产品质量更优；四效蒸馏降低能耗（节能30%以上）；升-降膜联合蒸发效率高、投资少、节能。

图 4-12　主要技术指标和技术特点

5. 工业连续化污油泥热解资源化利用成套技术及装备

1）适用范围

该技术适用于含油或黏油废弃物的资源化利用与处置（图 4-13）。

图 4-13　工业连续化含油污泥热解成套技术装备

2）工艺路线及参数

污油泥热解技术是利用有机物的热不稳定性，将污油泥在无氧或缺氧条件下高温加热，原油中的轻组分和水分受热蒸发出来，不能蒸发的原油重组分通过热分解转化为轻组分，再以气体形式从土壤中蒸发出来，从而实现原油与泥砂的分离，获得裂解油、不凝可燃气和固体产物的过程。

污油泥通过带密封装置的输送机连续送入热解反应器内，在反应器内进行低温热解反应，得到高温油气、水蒸气与固体产物。高温油气、水蒸气经冷却后，得到液态产物及少量可燃气。液态产物由输油泵输送至罐区。可燃气净化后作为燃料用于热解供热。生产线产生的烟气，经烟气净化系统净化后达标排放。热解所得的固体产物冷却至安全温度后输送至固体产物料仓暂存。处理过程中不添加任何化学药剂,能有效回收油泥里的石油资源,不产生二次污染,处理后固体含油率<0.3%(必要时可达 0.05%以下),优于《农用污泥中污染控制标准》(GB 4284—2018)要求。

主要参数如下:单台处理量:30~300 t/d;工作时间≥8000 h/a;余热利用率>90%;热解所得固体产物含油率<0.3%;主要污染物排放指标满足《石油炼制工业污染物排放标准》(GB 31570—2015)。

3)主要技术指标

所得固体产物矿物油含量<0.3%(必要时可<0.05%)。与焚烧相比,采用热解法处理 1 t 含水 15%、含油 10%的含油污泥减少碳排放量约 623.5 kg CO_2。

4)技术特点

工业连续化裂解处理技术实现了低温下大规模处理污油泥,并最大限度回收其中的石油资源、提高热能利用率;处理过程无须添加其他化学药剂,不产生二次污染。进出料热气密技术保证了物料在无氧或贫氧条件下安全、稳定、连续热解,实现了生产线连续进出料下的稳定动态密封。无结焦、热分散技术使物料受热均匀,裂解充分,热转换效率高,所得产品品质高。气体净化及余热循环利用技术降低了燃料消耗及烟气净化处理成本、污油泥处理装备运行成本,外排烟气达到国家最严格标准要求。同时,油品阻聚净化工艺避免了不饱和烃的聚合及设备和管路结焦等问题,保证了生产线的长期稳定运行。

6. 废润滑油全馏分加氢再生工艺技术装置

1)适用范围

适用于废润滑油高品质再生基础油领域。

2)工艺路线及参数

采用加氢方式对废润滑油进行再生处理。加氢是一种石化行业中常用于塔底油、废润滑油加工的工艺,即把石油炼制过程中常压塔、减压塔的塔底油、机器使用过程中更换的废油在较高的压力和温度下,经催化剂的作用,油品与氢气发生反应,使油品的分子链断裂转化为润滑油基础油的加工过程。

废润滑油与氢气混合加热到 300℃进入预加氢反应器内脱除废润滑油中的各类金属剂,脱除废润滑油中的硫、氮、氯,达到加氢精制的条件,伴随小部分裂解反应,反应产物再次与氢气混合加热至 340℃进入加氢精制反应器进行进一步脱氧、脱硫、脱氮、脱金属反应后得到达到Ⅱ类基础油标准的再生润滑油基础油,工艺流程如图 4-14 所示。

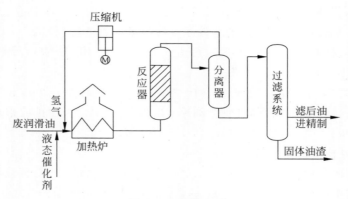

图 4-14　工艺流程

3）主要技术指标

（1）预加氢入口压力：6～7 MPa；

（2）预加氢入口温度：300～320℃；

（3）预加氢系统压差：<2 MPa；

（4）加氢精制入口压力：10.5～11.5 MPa；

（5）加氢精制入口温度：340～355℃；

（6）加氢精制系统压差：<2 MPa

4）技术特点

（1）最大限度将废润滑油的非理想组分转化为理想组分，有效地将重金属元素及各类添加剂从废油中解析出来；

（2）废润滑油的再生收率高，达到 95％～98％；

（3）基础油收率高，能将传统工艺不能利用的塔底渣油转化为重质润滑油基础油，全系列产品符合国家Ⅱ类基础油标准；

（4）对比其他再生工艺，全馏分加氢减少了二次废物的产生，尾渣产生量低，占原料的 1％～1.5％，对比其他再生工艺尾渣产生量减少 90％。

4.1.4　油泥砂和废弃油基钻井泥浆资源化利用技术

1. 油基钻井泥浆全价值回收利用一体化技术（LRET）

1）适用范围

油基泥浆钻井过程中产生的各种含油废弃物及老化污染泥浆（图 4-15）。

2）工艺路线及参数

油基钻屑等固体物（含油基泥浆）输送入 LRET 脱附装置，含油固体与脱附

图 4-15　油基泥浆全价值回收利用一体化技术(LRET)系统

剂反应,使油基泥浆与油基钻屑等固体物脱附分离;混合液相进入泥浆调质优化单元,在回收脱附剂的同时,去除油基泥浆多余水分和超细有害固相,确保回收的油基泥浆满足指标要求后,送井队再钻井使用;固相进入固体达标装置,控制处理后固相达到相关标准,进行后续资源化利用(图 4-16)。

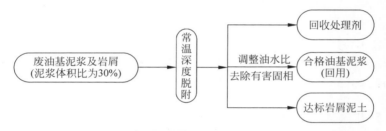

图 4-16　油基泥浆全价值回收利用一体化技术(LRET)工艺流程

3) 主要技术指标

回收的油基泥浆性能指标:密度(ρ)为 $1.09 \sim 1.12$ g/cm^3;油水比(O∶W)为 $80∶20 \sim 85∶15$。

4) 技术特点

本技术创新地提出油基泥浆全价值回收利用一体化解决方案,最大化回收资源并循环利用,同步减轻油气田开发生态环境保护的压力。同时,研发了常温常压深度脱附反应系统及高效脱附剂;离心过滤-离心沉降分离耦合深度脱附工艺;油基泥浆钻井废弃物多级可控高效分离技术;高适应性撬装一体化设备等一系列创新成果并形成专利技术。

2. 分子闪解白色垃圾(塑料)和油泥资源化利用技术及装备

1) 适用范围

油泥、白色垃圾(塑料)等有机废弃物资源化利用。

2）工艺路线及参数

根据不同的有机固废物，在一定温度（油泥 650℃、塑料 550℃）、一定反应时间（油泥 0.01 s、塑料 0.02 s）、绝氧条件下，使有机固体废物（油泥含水率为 10%～50%）在主炉反应釜将有机质高分子链闪解成多个低分子，并将气态有机物分子迅速驱离主炉反应釜（1 s）到第二工作室冷凝控制仓。根据不同固废物，也可添加化学添加剂，进行必要的化学反应，再应用大数据算法和传感器技术，控制冷凝产生尽量多的油（油泥出油率为 30%～50%，塑料为 50%～70%）、气、碳、渣（均回收利用）。

3）主要技术指标

固废物油泥削减率为 80%～90%，出油率为 30%～50%，下游客户可做原料油提炼汽、柴油，自产气 C1—C4 回炉继续做加热燃料，有价值的气 C5—C7 通过膜技术回收再利用可外售，C8—C9 通过离心机回收利用，经绝氧高温设计膜技术应用，二噁英零排放。剩余 10%～20% 为沙土废渣，残油含量小于 0.01%。

4）技术特点

系统自动化、智能化封闭式绝氧、连续运行，二级除尘水循环设计，实现固废物处理的无害化和资源化，无二次污染。

3. 钻井泥浆热解析处理资源化利用技术

1）适用范围

钻井泥浆（图 4-17）、岩屑、含油污泥、含油浮渣及制药行业产生的废盐等固废的减量化、资源化、无害化处理。

图 4-17　钻井泥浆热解析处理资源化利用技术项目概况

2）工艺路线及参数

该技术采用有机物受热蒸发、热解的原理，对钻井泥浆进行分段间接加热，水、矿物油等碳氢化合物在密闭空间内从物料中分段蒸发析出,经过冷凝系统后使挥发物凝结液化,再经油箱内的油水分离装置提取回收其中的油组分,含油废水经处理后回用于热解气冷凝系统重复利用(图 4-18)。

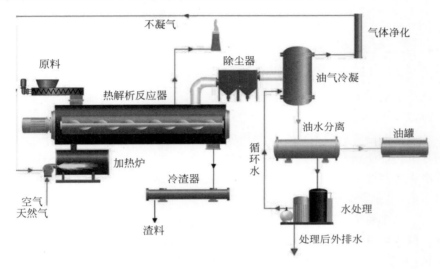

图 4-18 工艺流程

固相流程:包括原料上料和热解析。待处理的钻井泥浆运送到热解析进料处油泥储槽,经传输计量设施,进料螺旋进入热解析设备。钻井泥浆在热解析设备中与热媒体充分热传递的基础上,实现从前端往后端移动完成热解析过程。热解析后的高温残渣经带水冷却系统的螺旋出料机冷却后排出,从而完成钻井泥浆的处理过程。

气相(热解析气)流程:钻井泥浆热解产生的热解气主要由水蒸气、油蒸气及少量的粉尘组成。热解气的处理过程为:气体进入固、液、气三相分离系统进行初级处理,通过喷淋洗涤的方式将热解气中大部分油分、水蒸气和粉尘进行冷凝和洗脱,实现降温和三相分离;经洗脱后的气体中仍然含有部分不能被液化的石油烃和其他小分子气体所组成的不凝气,经除雾净化后送入供热系统进行燃烧,燃烧产生的高温烟气作为热解析系统的热源充分利用。

液相(水/油)流程:由上述三相分离系统初级处理后排出的油水混合物,通过水处理系统设备进行处理,处理后的水分经冷却降温后,回用至热解析出口的高温残渣冷却及热解气三相分离系统。处理过程中收集油品到收油罐,定期输送到原油罐区储存。

3)主要技术指标

钻井泥浆、油泥等经热解析处理后,出料中矿物油含量＜0.3%。

4）技术特点

钻井泥浆、油泥等有机废物连续进料，经过热解析设备处理之后，出料干渣可直接用作建材或填埋；同时可以回收绝大部分原油，从而实现钻井泥浆、油泥的无害化、资源化。该设备可采用撬装形式，机动灵活。

4. 页岩气油基岩屑资源化综合利用技术与装备

1）适用范围

该技术适用于处理油基岩屑、炼厂罐底油泥、石油开采含油污泥。

2）工艺路线及参数

页岩气油基岩屑资源化综合利用成套设备采用中低温无氧蒸馏工艺，在不改变有机物性质情况下实现固相、液相的完全分离。具体如下：油基岩屑进入中低温无氧蒸馏装置内进行油、水和岩屑的分离，隔绝氧气间接加热至 350～400℃，油、水完全受热并蒸发成高温混合蒸汽。高温混合蒸汽经高效油蒸汽清洁系统后除去粉尘，然后将洁净的高温油水混合蒸汽输送至冷凝器冷却成油、水混合液体。再采用三相离心机对混合液体进行油水分离，分离出的油进入储罐储存，分离出的水进入污水处理系统处理。经无氧蒸馏装置分离油水组分后的高温岩屑干渣经出料口干渣通道进入冷却设备，通过水环壁冷机、水泥管式螺旋输送机进行冷却后，由输送设备输送至干渣库进行储存（图 4-19）。

图 4-19　页岩气油基岩屑资源化综合利用成套设备

该技术工艺参数如下：无氧蒸馏装置压力为 200 Pa，无氧蒸馏温度为 320～400℃，柴油回收率为 99.7％～99.9％。

3）主要技术指标

柴油回收率＞99.7％，回收油品质达到《炉用燃料油》(GB 25989—2010)中的馏分型标准，可替代柴油，为整个生产线提供热源。处理后干渣含油量＜0.3％，达到《天然气开采含油污泥综合利用后剩余固相利用处置标准》(DB51/T 2850—2021)，可用于铺垫井场和井场道路、作为水泥/砖厂部分替代原料。

该技术处理每吨油基岩屑的碳减排量不少于 88.401 kg CO_2。

4）技术特点

该技术能耗低、成本低、碳排放量低。生产过程是一个密闭的纯物理过程，不添加任何物料和化学药剂，处理每吨料所需电耗低。危险废物资源充分回收、利用。工艺自动化程度高、操作方便、系统稳定，可规模、持续、高效地对油污泥进行处置。

4.1.5 危险废液资源化利用技术

1. XA 脱硫废液干法制酸技术

1）适用范围

焦化行业脱硫工段产生的脱硫废液和硫泡沫资源化综合利用。

2）工艺路线及参数

脱硫装置产生的脱硫废液和硫泡沫，通过泵送入过滤器中浓缩为浓浆液，产生的废液经蒸发浓缩得到浓缩液。浓浆液和浓缩液混合均匀后加入克硫剂，搅拌均匀后送到干燥设备，得到含盐固体(含硫、硫酸盐)粉末。干粉经焚硫炉燃烧后炉气依次经过余热回收、洗涤净化、两转两吸、尾气处理等工艺制成工业硫酸。入炉原料含水≤4.0％；硫烧出率为 100％；净化 SO_2 收率≥98.5％；干燥气体含水率≤0.1 g/Nm^3；转化进口 SO_2 浓度为 8.0％～8.5％；总转化率≥99.85％；总吸收率≥99.95％。

3）主要技术指标

实现了将脱硫装置产生的脱硫废液和硫泡沫进行无害化干燥处理制成含盐固体(含硫、硫酸盐)粉末，利用固体粉末直接焚烧技术制得 SO_2 炉气，然后通过余热回收、洗涤净化、两转两吸工艺生产硫酸，同时尾气经吸收处理工艺达标排放。尾气排放指标氮氧化物≤150 mg/m^3，硫酸雾≤5 mg/m^3，颗粒物≤15 mg/m^3，二氧化硫≤50 mg/m^3。

4) 技术特点

在废液中加入自主知识产权产品克硫剂,破解硫泡沫气泡;采用特殊结构的焚硫炉直接焚烧技术;采用封闭酸洗净化工艺,无废液外排;采用"3＋2"两转两吸制酸工艺,提高硫的利用率;制酸尾气采用先进的活性炭吸附技术,符合国家环保排放标准,且无二次污染物产生;固化处理与制酸工段均可单独运行,生产管理和操作均极为方便,适应性强。

最大限度地利用了硫资源,从源头上消除了脱硫产生的危险废物对环境的污染。从根本上解决了低品质焦化硫泥难以资源化利用的技术瓶颈,消除了脱硫危险废物的二次污染,而且制得的硫酸回用于焦化过程,得到在线资源化循环利用。

2. 有机废液智能无害化技术

1) 适用范围

该技术适用于医院、疾控中心、体检机构及高校、科研院所等单位产生的有机废液。

2) 工艺路线及参数

废液进入设备后,会赋予一个独有的 ID 标识。之后自动进入第一级预热段 $600\sim800℃$,控制气体负压 $-80\sim-120$ Pa,废液中水分蒸发、低沸点挥发分析出,此段为吸热段,需要的氧气量比较少,占总空气量的 $5\%\sim15\%$;然后自动进入第二级中温段 $700\sim1000℃$,废液中挥发分完全析出,大分子裂解为小分子,此段为放热段,需要提供的氧气量占总空气量的 $35\%\sim55\%$;再自动进入第三级高温段 $1100\sim1200℃$,废液中的各种成分完全氧化分解,放出热量,由于温度较高,此阶段会产生少量 NO_x、SO_x 等污染物,并需要提供过量的空气,占总空气量的 $40\%\sim60\%$。根据裂解需求,控制不同阶段的温度和供氧量,保证裂解反应正常进行,又不新产生过量的污染物。废液中含有氯等卤族元素时,若燃烧控制不合理,会产生二噁英。二噁英的防治采用 3T＋E 原则及急冷降温的方法,预防二次合成。

系统将自动对已经生成的污染物进行净化处理,SO_x 的产生与废液性质有关,如果废液中含硫元素,就会产生 SO_x,SO_x 的治理采用湿法碱液吸收法。NO_x 污染物的产生与废液中氮含量及处理工艺有关,分级、控温、控氧可以有效减少 NO_x 污染物的原始生成量。颗粒物处理采用机械过滤的方式,废液中含有的重金属及处理过程产生的二噁英采用活性炭吸附的方法进行处理(图 4-20)。

该技术工艺参数如下:废液处理量:$1\sim20$ kg/h;最高裂解温度:$1100℃$;停留时间:在 $1100℃$ 以上温度区间不少于 2 s;尾气含氧量:$6\%\sim15\%$;燃烧

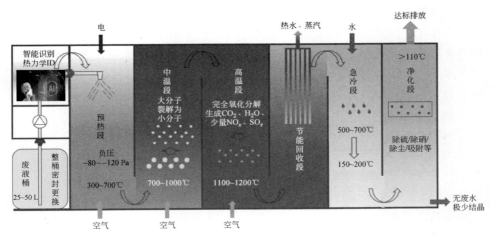

图 4-20　技术工艺路线

效率：＞99.9％；焚毁去除率：＞99.99％；热灼减率：＜5％。

3）主要技术指标

有机废液智能无害化技术与成套装备可以在源头上处理危废液,废物削减率在98％以上。以处理热值为 15000 kJ/kg 的废液为例,该技术每处理一吨废液可以减排 35.3 kg CO_2。

4）技术特点

通过一套独有的算法,包含预测、优化、反控与验证等程序,对预处置废液赋予一个独有的 ID 标识,实现了对危废液的智能化识别。可实现危废液的无害化处理,并达标排放。尾气排放参照《危险废物焚烧污染控制标准》(GB 18484—2020),无二次污染。设备自动化程度高,可实现无人值守,仅需人工更换废液,耗材少,运行成本低。

3. ECO 智能真空高浓废液处理技术

1）适用范围

该技术适用于处理金属加工、表面处理、铸造、钢铁、制药、纺织印染行业的高化学需氧量、高盐、高浓度废液。

2）工艺路线及参数

基于机械蒸汽再压缩(MVR)技术,利用低温蒸发原理,将高盐高浓废水分离为可回用的蒸馏水、浓缩液两部分,浓缩液再进行除盐结晶,最终实现废液零排放。具体如下：高浓高盐废水进入设备主机中,压缩机运转产生热能,通过管束式换热器与管内的废水进行热交换,将进入蒸发器中的废水加热至沸点。在微负压条件下,废水在 86℃ 左右开始蒸发。86℃ 的水蒸气被压缩机压缩后,温度上升至 120℃ 形成高温蒸汽;再循环到管式换热器中,作为热源进行热交换,同时进行冷却。在系统持续运行的过程中,蒸发器内的浓缩液逐渐累积,当母液含水率低、无法产生足够蒸汽时,压缩机电动机停止运行,残留的浓缩废液被系统强制排出。蒸发器排空之后,系统自动进入下一个工艺循环。

该技术工艺参数如下:管程压力:500～600 mbar;管程温度:85～90℃;壳程压力:1120～1140 mbar;压缩机温度:110～120℃;进液温度:5～45℃。

3)主要技术指标

该技术处理每吨废液的碳减排量不少于 232.4 kg。COD 去除率高达 95% 以上,污染物削减率可达 95%。含盐量、重金属离子浓度、硬度均为 0 mg/L。处理高盐高浓废水的吨水电耗较低,为 40～100 kW·h/t。

4)技术特点

前处理单元利用重力和水流推动力,经过折流,可深度清除悬浮物和油滴;无须添加其他化学药剂,不产生二次污染。蒸馏水的电导率远优于自来水(蒸汽冷凝),不含菌类(120℃ 高温灭菌)。蒸馏水可回用到生产端,实现水资源再利用。自主研发的快速排馏技术和改良的一体式介质余热回收技术提高了能量利用效率;设备全自动 24 小时运行,不额外占用人工成本,后续维护保养费用低;可实现远程操作和在线优化调整,在废液状态波动时,仍能保持最佳性能。

4.1.6 废盐资源化利用技术——SPI 自蔓延热解焚烧废盐无害化处置绿色循环利用技术

1)适用范围

适用于农药、制药、精细化工、印染等化工产业及冶金产业、垃圾焚烧飞灰、新材料、产生渗滤液行业等工业生产领域产生的废盐利用处置(图 4-21)。

图 4-21　重庆化医集团聚狮新材料公司废盐 SPI 处置项目

2）工艺路线及参数

在 600～1000℃ 范围内在自蔓延热解焚烧条件下，能使废盐中有机组分充分燃烧，废盐中的有机物与氧气反应转变为二氧化碳，同时采用烟气大循环和多级二次燃烧专利技术降低烟气中 SO_2 和 NO_x、粉尘及二噁英含量。废盐通过收储、预处理，进入自蔓延热解焚烧系统进行热解焚烧，再将热解焚烧后的废盐进行精制除杂、分质结晶，烟气在大循环后进行净化，达标排放，分质结晶后的再生盐可用于离子膜烧碱、印染、化肥等工业原料，真正做到资源化、绿色循环使用（图 4-22）。

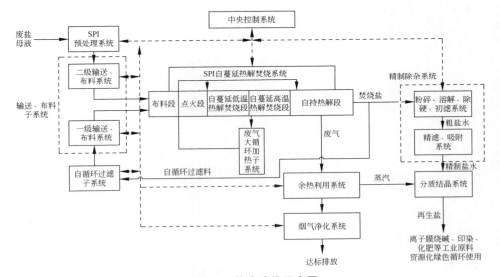

图 4-22 技术路线示意图

3）主要技术指标

单台日处理能力：50～1000 t；负压自蔓延热解焚烧方式；炉内压力：−3200～1800 Pa；焚烧温度：600～1000℃；布料厚度：600～800 mm；焚烧后废盐 TOC 小于 100 mg/kg；精制后的盐 TOC 小于 10 mg/kg，满足工业盐原料使用要求。

4）技术特点

（1）突破了工业废盐绿色循环处置技术及连续稳定工业化生产的瓶颈问题，实现了化工废物和废盐中有害物质的彻底去除。

（2）处置后的再生产品盐能作为化工原料使用，处置后的再生盐氯化钠满足氯碱化工离子膜的行业标准，解决了化工产业技术瓶颈问题，达到了精细化工绿色循环生产的目的。

（3）在处置废盐的同时可将母液一起协同处置。同时分质结晶后的硫酸钠、氯化钾等能达标作为产品使用。

4.1.7 社会源危险废物智能分类、高效收集与资源化技术

1. 含汞荧光灯管中稀土富集及综合利用技术

1）适用范围

显示及照明类电子废物中废荧光粉处理利用（图 4-23 和图 4-24）。将废荧光粉过筛分离玻璃碎屑及颗粒较大的铝箔后，通过涡轮气流分级装置两级分离及布袋过滤，将废弃荧光粉分离成含铅玻璃渣、稀土富集料、铝箔和石墨等。

图 4-23 废节能灯、液晶背光源无害化处理线[47]

图 4-24 废荧光粉无害化处理线[47]

2）工艺路线及参数

运用重力沉降和旋风分级的方法区分不同粒度和密度的物质，经过二级分离和布袋过滤，将电子废弃荧光粉分离成含铅玻璃渣、高纯稀土原材料、铝膜和

石墨等灰尘,其中高纯稀土材料的稀土含量可达到30%,实现将废弃物变成高纯稀土原料的目标。

3)主要技术指标

稀土富集料稀土含量可达45%。

4)技术特点

完全通过物理分选,使电子废弃物中的含铅玻璃、铝箔、石墨及稀土材料有效分离和富集,为电子废弃物中稀土资源循环利用奠定基础。

2. 线路板低温物理削磨分离元器件技术

1)适用范围

适用于危废、电废等行业处理线路板时分离元器件的预处理环节(图4-25)。

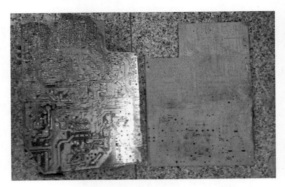

图4-25 线路板低温物理削磨分离元器件技术

2)工艺路线及参数

首先将线路板面的螺丝、杂线等可拆卸部件拆除,通过自主研发的单层线路板削磨机将背面的管脚、焊点、覆铜层磨削掉(在削磨过程中喷水以达到降温除尘的效果,避免产生有害气体);之后利用元器件分离设备将已经松动的元器件剥离线路板,通过振动筛将元器件和线路板光板分类输送;分离出来的元器件通过人工筛选分类收集再利用;削磨过程中产生的水、树脂粉污泥、金属粉末等收集起来通过水摇床将金属粉末和非金属粉末分离;分离出来的非金属通过板框压滤机进行脱水后送到指定厂家进行处理;分离出的金属粉末收集后再利用(图4-26)。

3)主要技术指标

削磨厚度:0.1~0.3 mm(PCB板厚度:1.5~2.5 mm)。

SHOT周期:40~50 s。

作业面:460 mm×460 mm/台。

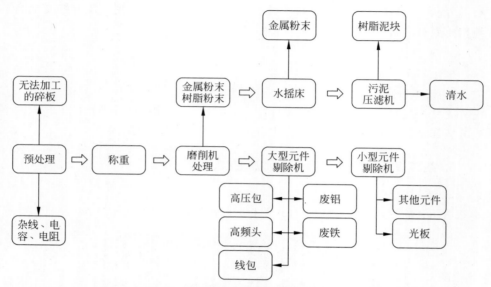

图 4-26   线路板低温物理削磨分离元器件技术工艺流程

产能:1.2～2.2 kg/(SHOT•台),120 kg/(h•台)(实测值,按 1.5 kg/SHOT)。

4)技术特点

自适应形状的卡具,保证线路板的加工面始终保持同一水平状态,确保削磨的精度。削磨作业时对削磨作业面喷水,使削磨温度保持在常温,避免有害物质的释放,同时收集削磨产生的粉尘,使其不扩散到环境中去。线路板低温物理削磨分离元器件技术属于首创,目前国内外没有类似技术。此项技术突破了目前线路板元器件分离通用的加热法去除元器件的环保缺陷,几乎没有有害物质对环境造成损害,真正实现线路板无害化处理。

3. 废电路板电子元器件自动拆解与资源化技术

1)适用范围

电路板电子元器件、半导体类存储介质破碎、分选、销毁。

2)工艺路线及参数

工艺流程如图 4-27 所示。

采用半自动翻转倒料系统将物料送入四轴破碎机破碎,破碎后的物料经选择输送机分为含电子元器件料(含件料)和不含电子元器件料(不含件料)。含件料分别经磁选机、涡电流分选机分选出铁金属、非铁金属和非金属。不含件料经两级破碎、双层振动筛选机、重力分选机实现铜粉和树脂粉的分离。工艺

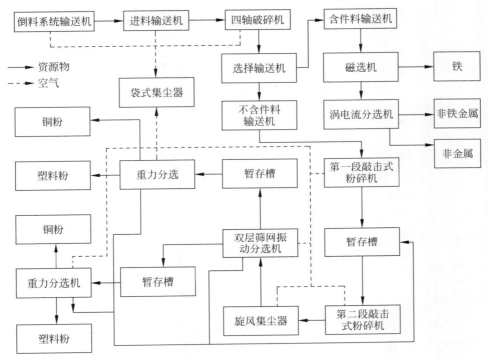

图 4-27　废电路板电子元器件自动拆解与资源化技术

中加设两个暂存槽防止堵料,全过程统一集尘避免粉尘二次污染,并通过 PLC 控制实现系统的自动化操作。

3）主要技术指标

金属与非金属（废塑料等）解离率为 95％以上,分选效率达 90％以上。

4）技术特点

金属与非金属（废塑料等）解离率为 95％以上,分选效率达 90％以上。从废电路板可分离出铜、黄金、银、白金和树脂粉。

4. 印制线路板氯盐酸性蚀刻液循环再生回用技术

1）适用范围

印制线路板生产过程中的图形转移酸性失效蚀铜液。

2）工艺路线及参数

采用阴、阳离子膜电解-电沉积氧化法对低 ORP 酸性蚀铜液进行氧化处理,同时回收铜,降低蚀铜液的铜离子含量使其得以循环利用。工艺流程如图 4-28 所示。

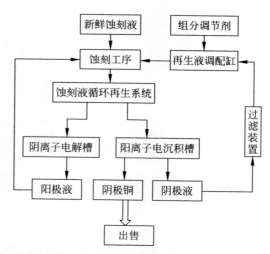

图 4-28　印制线路板氯盐酸性蚀刻液循环再生回用技术工艺流程

蚀刻线上的酸性蚀刻液在蚀刻过程中,Cu^{2+} 逐渐还原为 Cu^+,ORP 不断下降,需添加氧化剂来氧化 Cu^+ 以维持其 ORP,随着蚀刻过程的进行,铜含量逐渐饱和,蚀刻速度变慢,溶液极不稳定,不能满足蚀刻工序要求,此时蚀刻液成为废液而被排放,同时补充高 ORP、低铜含量的新蚀铜液。

采用阴、阳离子膜电解-电沉积氧化法对低 ORP 酸性蚀铜液进行氧化处理,同时回收铜,降低蚀铜液的铜离子含量使其得以循环利用,其基本原理如下。

(1) 阴离子膜电解法取代氧化剂

低 ORP 的酸性蚀刻液经阴离子膜电解槽的阳极,蚀刻液中一价的铜离子在阳极失去电子生成二价的铜离子,这样可以降低蚀刻液中一价铜离子的含量,提高二价铜离子的含量,从而提高蚀刻液的氧化能力,取代蚀刻工序所使用的氧化剂,保证蚀刻工艺稳定进行;同时也使氯元素得以回用至蚀刻液中得到循环再生利用。

电解反应机理:

阳极:$2Cu^+ - 2e \Longrightarrow Cu^{2+}$

阴极:$2H^+ + 2e \Longrightarrow H_2$

(2) 阳离子膜电沉积法循环利用蚀刻液

高铜含量的蚀刻液经阳离子膜电沉积槽回收铜后,蚀铜液中铜含量降低,基本无其他元素参与反应和损失,达到返回蚀刻液继续使用技术标准。由此形成蚀铜液循环利用。

电沉积反应机理：

阳极：$2OH^- - 2e === 2H^+ + O_2$

阴极：$Cu^{2+} + e^- === Cu^+$

$Cu^+ + e^- === Cu$

3）主要技术指标

蚀刻液回用率：100％；再生液合格率：100％。

4）技术特点

采用无损分离工艺回收铜,不破坏蚀刻液原有的组成成分,使蚀刻液得以完全回用,使蚀刻生产线成为废物零排放的清洁生产线。酸性失效蚀铜液除了含有高浓度的铜离子外,还含有大量的氯化物、有机添加剂等成分,该体系通过使废液再生循环使用,实现了蚀刻废液的零排放。设备一年可以减少 1200 t 废水的排放,彻底消除了由于废液的外排而产生的环境污染,减轻了企业的环保压力,同时回用的蚀刻液降低了企业的生产成本,提高了企业的竞争力。

5．废电路板等铜基固废资源化、无害化技术

1）适用范围

该技术适用于处理废电路板等铜基固废；镍基、锡基等有色金属多源固废；一般固废及含有机物质的危险废物；焚烧灰渣玻璃化等。

2）工艺路线及参数

（1）废电路板等铜基固废的配料。烤锡后的大块废电路板通过撕碎机进行撕碎处理,与分选出的铜基物料、烟灰仓、烟灰块、石灰石、石英等熔剂与煤矿按比例计量后,通过胶带输送机混料后进入顶吹熔池熔炼炉处理。

（2）顶吹熔池熔炼。燃料和富氧空气通过喷枪进入顶吹熔池熔炼炉内,通过控制喷枪富氧风量和燃料量控制熔炼温度在 1200～1250℃,物料迅速熔化并发生造渣反应。废电路板等铜基固废中的铜金属熔化氧化、还原,沉积在顶吹熔池熔炼炉底部,形成粗铜,定期从放铜口排出,浇铸成铜锭。熔融炉渣从排渣口排到电炉,经过铜二次沉降后,炉渣含铜小于 0.5％后排放,水淬成水淬渣,可作为建筑材料或用于铺路填坑。电炉沉下的粗铜排出做铜锭。

（3）烟气处理。流程为：烟气（1350℃）—燃烧室二次燃烧（1100℃）—SNCR 脱硝装置—余热锅炉回收余热并部分收尘（650℃）—骤冷塔冷却（150～200℃）—干式反应器（消石灰＋活性炭）—布袋收尘器收尘（150～220℃）—二级喷淋塔吸收烟气中的 SO_2、HBr、HCl 等有害气体并回收溴盐—电除雾器—排风机排风—排空。实现烟气的达标排放。

（4）废液处理。喷淋塔内碱液与烟气中的酸性气体和溴发生反应生成含有

溴盐的废液,废液经过沉淀、蒸发结晶、离心脱水后获得含有 15%～50%NaBr 的溴盐副产品。

3)主要技术指标

废电路板等铜基固废处理规模为 20000 t/a,该技术废电路板原料适应能力强,可以处理不同品位的废电路板(铜品位低至 1.36%),铜综合回收率大于 97%、稀贵金属综合回收率大于 95%,炉渣渣率小于 60%,炉渣含铜小于 0.7%,顶吹熔炼炉炉体耐材寿命大于 12 个月,喷枪寿命为 7～15 天等。

4)技术特点

针对冶炼烟灰成分复杂、处理困难等问题,开发了"焙烧转化—协同浸出—氯化分离—定向富集—循环再生"工艺。通过强化炉内气氛控制,用喷枪在渣面下和渣面上分别补充富氧空气,以控制渣面下处于微还原态、渣面上氧化态,既能冶炼出金属又能使烟气在炉内充分燃烧,渣层及二燃室温度为 1200～1300℃,并优化二燃室烟气在二燃室停留时间为 3 s 以上,有效防止了二噁英的生成。烟气中二噁英可达标排放。

与传统的低品位废杂铜熔炼工艺相比,工艺流程短、运行能耗低;与国内其他废电路板处理工艺相比,生产炉况易控制、资源回收率高、工艺易规模化、环保和减排效果显著。

6. 废铅蓄电池破碎分选及环保熔炼技术示范

1)适用范围

适用于废铅酸蓄电池破碎分选及环保熔炼。

2)工艺路线及参数

采用废铅蓄电池资源高效回收利用技术(图 4-29 和图 4-30)。

图 4-29　废铅蓄电池预处理现场设备图

粗铅栅

细铅栅

电池废隔板

破碎塑壳

破碎机遥控加料系统

压滤后的脱硫铅膏

图 4-30　破碎分选出的铅膏和铅栅等

该工艺关键设备情况如图 4-31 所示。

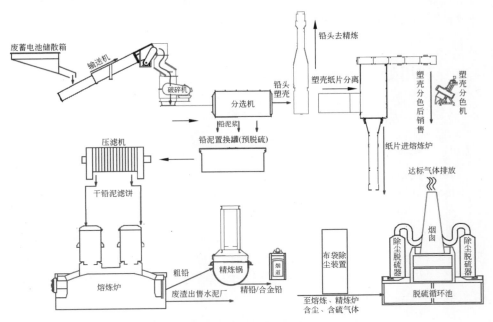

图 4-31　铅蓄电池回收利用关键设备示意图

主要工艺流程如下：废铅蓄电池经过自动化破碎、分选得到板栅、铅网和铅泥等含铅原料和塑料；板栅、铅网等直接进入精炼锅配制铅蓄电池铅合金，铅泥经脱硫转化后进入多室熔炼炉熔炼得到粗铅，粗铅进入精炼工序去除杂质、添加合金后制得用于铅蓄电池的铅和合金铅；破碎分选工段产生的塑料经破碎水洗、重介质分选、烘干和光电分选得到纯色的聚丙烯（PP）和丙烯腈—丁二烯—苯乙烯共聚物（ABS）等塑料颗粒，经调质、熔化、拉丝、切割制得塑料母粒成品，作为改性塑料原料出售；熔炼工段产生的熔炼渣经水淬、球磨、磁选，提取其中的有价金属，尾渣作为建筑材料使用。

3）主要技术指标

可破碎分选各类废铅蓄电池，每小时处理量为 50 多吨，铅膏、铅栅、铅网分离彻底，铅网细铅针直接配制合金铅，减少熔炼工序，锡和锑利用率大于 98%。

4）技术特点

熔炼渣产生量少，占炉粗铅量 8% 左右且熔炼渣含铅量小于 1.5%。废铅蓄电池经过自动化破碎、分选得到板栅、铅网和铅泥等含铅原料和塑料。板栅、铅网直接进入精炼锅配置铅蓄电池用铅合金，铅泥经脱硫转化后进入多室熔炼炉得到粗铅，经精炼除杂、添加合金后得到用于铅蓄电池的铅和合金铅。塑料经加工处理后得到改性塑料原料。熔炼炉采用天然气为燃料，纯氧助燃，可提高熔炼效率 40% 以上。该技术自动化程度高，分选彻底，节能效果显著，污染物排放低于国家标准排放限值要求。

4.2 利用处置技术

4.2.1 废有机危险废物处置技术

1. 浮渣超临界水氧化技术

1）适用范围

液态、半固态/固态可浆化有机废物无害化处理。

2）工艺路线及参数

浮渣经预处理制成浆态物料，经高压泵加压后与氧气同时输送到超临界反应器；原料与氧在超临界水状态下发生氧化反应，浮渣中的污染物被彻底分解，产物经初步降温后进入降压工序，在降压的过程中，通过闪蒸分离使物料温度降低到 100℃ 以下，产物中的 CO_2、O_2 等气体产物分离出来，固液产物经压滤处理后实现分离，水经进一步处理后可回用，残渣通过处置完成最终处理。反应温度为 600～700℃。根据工艺分为原料存储配制单元、换热氧化反应单元、减压与分离单元、换热单元与液氧液氮气化五个技术单元。

3）主要技术指标

气液产物符合国家排放标准，浮渣有机质降解率＞99.9%，出水 COD＜

50 mg/L,排放气体中 SO_x、NO_x 浓度 $<$ 20 mg/m^3,二噁英:$<$ 0. 05 ng TEQ/Nm^3。

4)技术特点

超临界水氧化技术为浮渣等有机污染物彻底无害化处理技术,具有低成本、低能耗、系统自热、污染物降解彻底、气体排放量少、系统水回用率高的特点,是浮渣清洁处理的系统解决方案。

2. 电化学高效破乳处理废乳液技术

1)适用范围

适用于有色金属加工行业,针对机械加工、金属压延、切削、研磨等加工过程中产生的废乳液、废切削液的处理。

2)工艺路线及参数

该技术运用了"电聚凝—电催化氧化技术"处理废乳化液。首先通过电聚凝技术实现废乳液高效破乳,通过三维电极聚凝使废乳液的乳化状态被打破,同时电解时阴极析出的氢气能形成大量微小的气泡,具有良好的气浮分离效果,并通过絮凝沉淀实现污染物的分离。然后经过电催化氧化反应单元的特殊催化反应作用,在反应单元内产生羟基自由基(·OH),由于羟基自由基具有极强的氧化性,水中有机物在催化和氧化的同时作用下,复杂大分子结构的分子链被打断成小分子结构,并被逐渐降解成 CO_2 回归到空气中,以达到降解有机污染物的目的。处理后的水达标排放,处理过程产生的污泥经叠螺压滤机脱水后,泥渣外运交由有资质的危废处理公司处理(图 4-32)。

废乳液经管网收集后进入集水池,在调节池内进行水质水量均衡后经水泵抽入电絮凝系统中,通过电絮凝作用破乳并去除大部分乳化油脂及固体悬浮物等。电絮凝出水进入混凝沉淀塔经化学絮凝沉淀后,上清液流入电催化氧化系统继续处理。处理后废水进入混凝沉淀塔进行化学絮凝沉淀,沉淀后出水即可达标排放。

3)主要技术指标

出水水质的各项指标达到了《污水综合排放标准》(GB 8978—1996)中的三级标准。COD 的去除效率达到99%以上,石油类去除率达到98%以上,固体悬浮物(SS)的去除效率达到99%以上。

4)技术特点

有效解决了废乳化液原有处理传统技术消耗大量破乳剂、破乳效果不理想、破乳后废液难以处理、处理成本极高等问题,减少了处理过程中产生的二次污染(无废气产生,固渣减量化)。处理装置操作简单、无安全隐患。处理后的

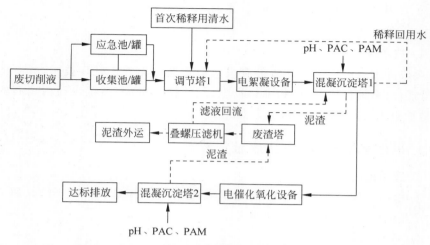

图 4-32　电化学高效破乳处理废乳液技术工艺流程图

污水可完全达到排放标准,实现废乳化液的合理化处理。

3. 水煤浆气化及高温熔融协同处置废物技术

1) 适用范围

适用于医药、精细化工、石化等行业产生大量有机废物(含危险废物)的化工园区及聚集区,周边有机废物产生量大于 2×10^4 t/a。适宜建设规模为年处置废物 2×10^5 t,生产的氢气、甲醇、氨等资源化产品及蒸汽、电力可供化工园区、聚集区企业使用(图 4-33)。

图 4-33　水煤浆气化及高温熔融协同处置废物工程图

2）工艺路线及参数

以水煤浆气化技术为基础,引入危险废物作为生产原料,通过控制关键浆料指标参数,最终在高温、中压、高氧的密闭条件下,把危险废物中有机废物分解为 H_2、CO、CO_2、H_2S 等原料气,原料气经过 CO 的等温变换、H_2S 湿法脱除、碳化及变压吸附（PSA）的 CO_2 脱除、CO_2 提纯回收利用、H_2 等资源化利用,生产高纯氢气、甲醇、脱硫脱硝用氨水等化工产品（图 4-34）。

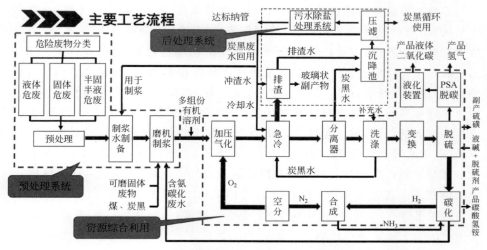

图 4-34　水煤浆气化及高温熔融协同处置废物技术工艺流程

3）主要技术指标

废物料浆:pH 值为 6.5～8.5、浓度为 54.0%～62.0%、热值≥13000 J/g。

气化控制参数:温度为 1350～1450℃、压力为 1.8～2.0 MPa、氧纯度≥99.6%、碳转化率≥98%;熔渣玻璃体含量≥98%。

4）技术特点

针对不同种类危险废物,研究开发了适用的预处理工艺、水煤浆助剂及制浆工艺参数,使水煤浆浓度、黏度、流动性等各项指标达到入炉气化要求。针对掺加危险废物的水煤浆特性,优化调整了气化工艺参数,确保了最佳气化效率和气化产品质量。利用水煤浆气化炉的协同处置,废物中有机成分及所含水分最终转变为气化产品 H_2 和 CO_2,实现了危险废物的无害化处置和资源化利用,同时节约了用煤和用水。

4. 危险废物能量球自动清焦裂解技术与设备

1）适用范围

该技术适用于油田油泥、炼厂罐底油、轮船舱底油、废矿物油、油漆渣、废树脂、废过滤介质、废催化剂、废活性炭、工业污泥等危险废物的处理。

2）工艺路线及参数

将含有机高分子物质的危废隔绝空气加热,在一定温度下,使其中的高分子有机物裂解为小分子物质,这些小分子物质主要是汽、柴油组分和可燃气体,通过收集成为有用资源,而裂解后剩下的物质失去了危险特性,还原为无机物,或回收利用,或填埋处理。

该技术及设备由进料系统、密封系统、加热系统、反应釜、出渣系统、冷却收集系统、能量球循环除焦系统、余热利用系统等组成。物料经粗分、破碎、混合调节黏度等预处理,由提升器、螺旋喂料器进入前端密封套,与能量球混合后输送至旋转干化反应釜,反应釜下部设置多点梯度控温加热,物料在釜内沿导向槽运行,经干化脱水后进入分离区,完成能量球与物料分离,能量球进入循环管回流至前端密封套,再次与常温物料混合;干化后的物料进入旋转裂解反应釜,逐步完成裂解,残渣沿导向槽进入出渣系统排出收集,裂解产生的油气经冷却成液态,油水分离后收集,不凝气经回收系统送至加热炉燃烧,为反应釜提供热能。加热炉膛产生的烟气经余热利用后进入烟气净化系统,净化后达标排放。

该技术工艺参数如下:物料颗粒<10 mm,含油 1%～50%,含水 60%以下;反应釜材质:309S/310S 不锈钢;干化段温度:110～200℃;裂解段温度:550～700℃;反应釜内压力:<3000 Pa;反应釜旋转速度:0.5～1.5 r/min;渣料残留矿物油:<0.3%;总装机容量:97 kW;运行电压:380 V。

3）主要技术指标

按日处理危险废物 50 t 计算,该技术可实现年减排量达 4681 t 以上 CO_2。单套设备产能大,日处理量可达 100 t;设备连续运行时间长,可达 3 个月。

4）技术特点

"能量球"自动循环分散、加热、除焦技术确保热解过程不结焦。蠕动自弥合密封技术确保热解气体不外泄。反应釜"模块式"组合技术使生产规模调节更灵活。电晕捕获和光氧催化组合的尾气处理技术确保排放无烟、无尘、无臭、无水雾。控制剂技术能够消除可能产生的二噁英前体物。

5. 利用水泥窑炉专门处置含有机污染物土壤及烟气治理的成套技术装备

1）适用范围

适用于有机污染土和高温可分解的挥发性无机污染物的污染土在水泥行业传统水泥回转窑的热脱附技术处置。

2）工艺路线及参数

热脱附技术的原理是通过直接或间接加热,将土壤中的有机污染物加热到足够的温度以增大其饱和蒸汽压,使其从污染介质中得以挥发或分离。空气、可燃性气体或惰性气体作为被蒸发成分的传递介质,产生的尾气通过尾气处理系统完成有机污染物的净化处理。

污染土经破碎、筛分输送至窑尾烟室,污染土中特征污染物热脱附进入高温烟气,解毒后的热脱附土经过篦冷机冷却进入储存库储存。

分解炉设置合适的出口温度,确保特征污染物有足够的焚毁温度和焚毁时间。出一级筒的高温废气通过短路管道进入增湿塔,将高温烟气从 600℃ 直接骤冷至 200℃ 以下,防止二噁英的再生成。在收尘器前端增加活性炭喷射装置,吸附可能产生的有害成分,洁净烟气排入窑尾烟筒排放。

3）主要技术指标

热脱附技术关键控制参数与尾气裂解焚烧技术关键控制参数分别见表 4-2、表 4-3。

表 4-2　热脱附技术关键控制参数

控制参数	数值
热脱附污染土温度	≥650℃
土壤粒径	200 目（约 5 cm）
脱附效率	＞99.99％

表 4-3　尾气裂解焚烧技术关键控制参数

控制参数	数值
焚烧温度	≥1100℃且不大于 1200℃
停留时间	≥3 s
有机物焚毁去除率	≥99.99％

（1）运行工艺参数：煤耗在 6～7 t/h；柴油为 0.3 t/h；电耗在 25～30 kW·h/t。

（2）处置规模：日处置能力为 2000 吨（污染土含水率＜25％）。

（3）质量控制指标：含水率≤1.0％；热灼减率≤5.0％。

4）技术特点

（1）水泥窑处置有机物污染土的污染物排放中,常规污染物如颗粒物、二氧化硫、氮氧化物的排放浓度基本持平或略优于公司水泥窑协同处置危险废物污染物排放浓度,且均达标排放,在总量上由于处置烟气量小,总量较同规模同运行周期的熟料生产线降低 40％以上。

（2）利用水泥厂区现有设施进行技术创新和试验,具有投资成本低、处置规模大、处置见效快、处置效率高等优点。

（3）突破传统水泥回转窑水泥生产功能,水泥回转窑全面改造成污染土热脱附专用设施,自主开发窑头低推力油煤混烧燃烧器、燃料多点供给的燃烧方式、分解炉独立点火升温、窑尾烟室喂料和烟气急冷技术,降低了能源消耗,确保了环境排放安全。

(4)增设烟气与粉料独立运行通道,避免烟气与粉料发生冲击,有效避免窑内出现局部高温造成的污染土熔化现象。

4.2.2 危险废物焚烧残余物处置技术

1. 危险废物回转式多段热解焚烧及污染物协同控制关键技术

1)适用范围

该技术适用于多种可燃危险废物回转窑集中焚烧处置、工业有机固废焚烧处置(图 4-35)。

图 4-35　危险废物回转式多段热解焚烧及污染物协同控制关键技术示范项目

2)工艺路线及参数

危险废物焚烧前经过配伍,形成散装固态废物、桶装废物、液态废物和气态废物等不同形态危险废物,连续、可控和精确进料。经过配伍的危险废物进入回转窑后依次经历干燥段、焚烧段和燃烬段,通过高温焚烧,废物大幅减量。回转窑出口热裂解未完全燃烧的气体进入二燃室中,在二燃室内喷入二次风和辅助燃油,使其充分燃烧,并保证烟气在二燃室 1100℃以上温度区停留时间大于 2 s。焚烧后的固相残渣通过二燃室底部的燃烬室,实现底渣充分燃烬。

二燃室产生的高温烟气进入余热锅炉回收部分能量产生蒸汽,余热锅炉出口的 550℃ 烟气在喷入二噁英阻滞剂后进入急冷塔,通过喷水冷却的烟气温度降至 200℃。急冷塔出口烟气再进入干法脱酸塔进行脱酸处理,在脱酸塔后布置双喷双布袋烟气净化组合工艺(一级布袋前喷入少量碳酸氢钠与酸性气体反应,喷入活性炭吸附固相二噁英和重金属,二级布袋前喷入碳酸氢钠和活性炭与剩余的较低浓度的酸性气体和气相二噁英充分反应,二级布袋活性炭实现循环利用),最终实现烟气的达标排放。

该技术主要参数如下:二燃室温度≥1100℃,烟气停留时间≥2 s,焚毁去除率≥99.99%,焚烧底渣热灼减率<1%。

3)主要技术指标

该技术最长连续稳定运行时间>6 个月。焚烧底渣热灼减率<1%。污染物排放优于国家标准《危险废物焚烧污染控制标准》(GB 18484—2020)中的限值,其中二噁英排放达到欧盟现行垃圾焚烧污染物排放标准。该技术处理每吨危险废物的碳减排量不少于 1.33 t CO_2。

4)技术特点

危险废物焚烧可以回收危险废物中的能量,高温能够杀死病原体,利用焚烧后的灰渣可以制备多种玻璃态资源化产品,高温焚烧后产生的热能可以回收用于对外供热或者厂内综合利用。

2. 多源危险废物高温烧制高强混凝土掺合料技术

1)适用范围

该技术适用于表面处理污泥、生活垃圾焚烧飞灰、二次铝灰等以无机组成为主,硅、钙和铝含量较高的固体废物高温利用(图 4-36)。

图 4-36 该技术生产的陶粒产品

2）工艺路线及参数

掺合料制备工艺路线主要包括原料配伍、陈化、窑内造粒、烘干、高温烧结、冷却筛分和粉磨等工序,具体工艺路线如图 4-37 所示。

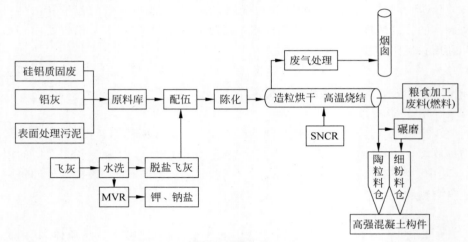

图 4-37   陶粒烧结窑工艺路线

烟气净化工艺包括炉内 SNCR、喷活性炭粉、除尘、二噁英脱除、深度脱硝、石灰石—石膏法脱硫、高效除雾消白。具体烟气污染治理如图 4-38 所示。

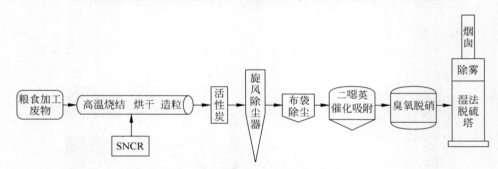

图 4-38   炉窑烟气净化工艺路线

利用表面处理污泥、生活垃圾焚烧飞灰、二次铝灰危险废物与硅钙铝质固废高温烧结制备轻集料的原料配比见表 4-4。

表 4-4   高温烧结制备轻集料的原料配比

序号	原料名称	配比方案/%
1	表面处理污泥	20～25
2	生活垃圾焚烧飞灰	15～25

续表

序号	原料名称	配比方案/%
3	二次铝灰	15～20
4	一般工业固废或建筑污泥	30～50

回转窑干化预热分解的温度为 $200\sim1100℃$,时间约为 1 h;烧结温度为 $1100\sim1250℃$,停留时间约为 30 min。

3）主要技术指标

该技术处置危废的能力为 2×10^5 t/a,每年可以减少碳排放 3.99×10^4 t。

4）技术特点

利用固废属性互补,实现"以废治废"。与其他工业炉窑协同处置相比,具有处理危废量大、一次资源和一次能源消耗少、运行成本低等特点。适用固废范围广、烧结工艺稳定、产品质量可靠。回转窑系统具有兼容性大的特点,通过完善先进的物料配伍技术,可适用多元固废,保证入窑物料的均匀性。利用回转窑通过高温烧结,重金属可在物料中有效固化,有效控制产品的环境风险。废气治理工艺技术可靠、设施完整与生产设施联动,能保证废气中二氧化硫、氮氧化物、二噁英、氯化氢等有害气体的脱除,实现大气污染物超净排放(图 4-39)。

图 4-39　"高科技固体废物资源化利用项目"鸟瞰图

3. 危险废物处置-熔渣回转窑焚烧技术

1）适用范围

对危险废物终端处置进行预处理,可应用于大多数危险废物焚烧处置中心或者大中型企业配备相关危险废物焚烧处置的车间(图 4-40)。

图 4-40　焚烧车间烟气处理系统

2）工艺路线及参数

工艺路线：危险废物经贮存、配伍和预处理后，经进料设备送入熔渣回转窑进行高温焚烧（1000℃以上），熔渣浸出毒性极低，满足国际国内资源综合利用标准，无需常规焚烧炉残渣固化填埋处理，可以进行资源综合利用或一般填埋处理；回转窑内产生的烟气经窑尾进入二燃室，通过二燃室的燃烧器将燃烧室温度加热到 1100℃以上（处理 PCBs 时为 1200℃以上），使烟气中的微量有机物及二噁英得以充分分解，确保危险废物充分燃烧；采用急冷、干法脱酸、袋式除尘和湿法脱酸组合方式对烟气进行处理，抑制二噁英的再生成，同时保证其他排放物达到国家或国际相关标准要求。采用耐腐蚀、防结焦的全膜式壁式危险废物焚烧余热锅炉，彻底解决了余热锅炉结焦堵塞、易腐蚀的问题。生成的灰渣和飞灰由专门设备收集，进行直接资源综合利用或填埋。采用电气自控及烟气在线监测系统，提高产品自动化控制水平及工艺的可靠性，且安全可靠，操作强度低。

关键参数：焚烧效率≥99.9％；焚毁去除率≥99.99％（处理 PCBs 时≥99.9999％）；污染物排放优于国家标准 GB 18484—2001《危险废物焚烧污染控制标准》，根据用户需要可以达到欧盟最新排放标准（EU 2000—76）。

3）主要技术指标

回转窑运行温度≥1000℃，二燃室运行温度≥1100℃（处理 PCBs 时≥1200℃），二燃室烟气停留时间≥2 s。

4）技术特点

有效控制入炉含氯有机废物的量（如多氯联苯等），从源头减少垃圾焚烧二噁英生成的氯来源，酸性污染物、重金属及碱金属入炉量得到合理控制，余热锅炉和烟气净化设备的腐蚀减轻。焚烧产生的炉渣和飞灰，炉渣进行填埋场填埋处置,飞灰经固化达标后填埋处置。炉渣、飞灰产生率低于20%,热灼减率低于5%,焚毁去除率大于99.99%。焚烧残渣类玻璃体,浸出毒性极低,满足欧盟、美国EPA资源综合利用标准,可以节省灰渣固化填埋费用,直接进行填埋,最大限度地减少了再处置的量。酸性气体通过循环流化床、湿法脱酸塔脱酸去除,烟尘通过布袋除尘去除。烟气处理设施达到环保要求合法排放。填埋场渗滤液进行收集后,进入污水处理车间进行处置,达标后外排。

4. 固废焚烧残余物等离子体熔融资源化技术

1)适用范围

该技术适用于电力、环保、化工等领域产生的生活垃圾焚烧飞灰、危险废物焚烧底渣、废活性炭、废石棉、废催化剂、重金属污泥等含有高盐、高浓度重金属、二噁英和呋喃等持久性毒性有机物的危险废物处理和资源化。

2)工艺路线及参数

利用高温等离子体将固废焚烧残余物中二噁英和呋喃等持久性毒性有机物完全摧毁,彻底实现无害化;针对固废焚烧残余物中的重金属,通过添加剂配伍和等离子体熔融,使飞灰形成稳定玻璃态物质,可用于道路或建筑骨料;熔融尾气通过多级净化洁净排放,提纯后的废水蒸发结晶制备成副产盐,实现资源化利用。具体如下:固废焚烧残余物和添加剂按比例配伍,充分混合后造粒成型,喂入等离子体熔融炉高温处理,炉温保持在1300~1500℃范围,炉内维持还原性气氛,飞灰所含二噁英等有毒有害有机物被彻底摧毁,液相熔体经水骤冷后形成玻璃体,可作为建筑骨料资源化利用。含有高浓度酸性气体和氯盐颗粒物的熔融尾气采用"急冷+多级洗涤+湿电+活性炭吸附"工艺处理,经消白后排入大气,烟气排放满足《危险废物焚烧污染控制标准》(GB 18484—2020)和欧盟2010/75/EC标准。工艺废水经初级沉淀、重金属捕捉絮凝沉淀等进行多级分离和提纯,沉淀物经浓缩干化处理后回熔融炉,结晶后的废水经蒸发结晶分盐产生钠钾盐或融雪剂副产品外售。蒸发结晶水循环使用,实现废水近零排放,整体工艺实现最大限度的资源化利用,如图4-41所示。

该技术工艺参数如下:添加剂配伍比例为10%~30%;熔融温度为1300~1500℃;熔融炉微负压;烟气停留时间>2 s;烟气进入急冷塔1 s内降温至100℃以下。

3)主要技术指标

采用先进的IGBT整流电源、自主研发等离子体熔融炉热壳结构节能设备、变频控制技术的引风机、水泵、砂浆泵等,与不采用的工艺相比,处理每吨垃圾焚烧飞灰可减少耗电量236 kW·h。

图 4-41 等离子体飞灰资源化示范工程项目

工艺废水经过多级净化处理后能够达到《城市污水再生利用工业用水水质》(GB/T 19923—2005)标准中直流冷却水、洗涤用水水质标准要求全部回用。每吨垃圾焚烧飞灰产生玻璃体 0.75～0.9 t,作为建材利用;回收氯盐 0.15～0.3 t,制备融雪剂利用,可降低开采沙石和制备融雪剂所消耗的能源。

4)技术特点

针对飞灰开发出"压块成型＋等离子体熔融＋湿法烟气净化＋金属氯盐高效分离"工艺,彻底解决二次飞灰问题,同时转移到玻璃体的重金属被有效固化。废水近零排放,所有主要产物均实现资源化利用。运行稳定、自动化程度高,可实现远程操作和在线优化调整。

5. 危废焚烧飞灰、炉渣配制式高温熔融资源化利用技术

1)适用范围

危废焚烧所产生的飞灰、炉渣,生活垃圾焚烧飞灰,含重金属污泥等含重金属类废物(图 4-42)。

2)工艺路线及参数

危废焚烧炉渣先通过预处理设备进行磁选、破碎、干燥、粉碎,再与飞灰、石英砂等辅料进行配料、均匀混合后送入熔融炉上部料仓,料仓设有称重装置,其下方设有可调速螺旋给料器,可以按设定值向熔融炉内连续给料,熔融炉热源为天然气,顶部设有主燃烧器,炉床位置设有辅助燃烧器,物料在熔融炉内吸热熔融后,由出渣口落入熔融炉下部的水封刮板出渣机水中,出渣机冷渣水

图 4-42　危废焚烧飞灰、炉渣配制式高温熔融资源化利用技术概况图

温<50℃,经过水冷淬以玻璃体熔渣的形式连续排出,高温烟气经余热回收降温后由引风机送入 1 号线焚烧炉内,烟气净化后达标排放(图 4-43)。

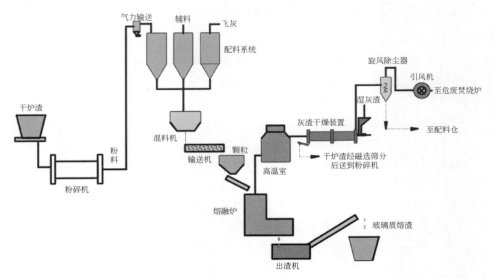

图 4-43　危废焚烧飞灰、炉渣配制式高温熔融资源化利用技术工艺流程

该技术主要包括炉渣预处理、配料、高温熔融三部分。①炉渣预处理部分:将刮板出渣机出来的炉渣通过破碎、磁选和链板输送到干燥机内干燥,干燥后的炉渣通过破碎、磁选、筛分后送到球磨机进行粉碎,粉碎后的干粉炉渣由气力输送到渣粉仓。②配料:配料系统由渣粉仓、飞灰仓、若干辅料仓组成,料仓下部有螺旋给料机,料仓中的物料按设定数量送到称重仓内,通过称重计量后送到混料机内均匀混合,混合后的物料送入熔融炉顶部料仓内。③高温熔融部分：熔融炉顶部料仓设有称重装置，下方设有可调速螺旋给料器，可以按设定值向熔融炉内连续给料，熔融炉热源为天然气，顶部设有主燃烧器，炉床位置设有辅助燃烧器，物料在熔融炉内吸热熔融后，由出渣口落入熔融炉下部的水封刮板出渣机水中，经过水冷淬以玻璃体熔渣的形式连续排出，高温烟气经余热回收降温后由引风机送入焚烧炉内，净化后达标排放。

3）主要技术指标

危险废物焚烧飞灰、炉渣经配制式高温熔融后，玻璃含量＞85%，密度＞2.45 g/cm³，含水率＜1%，亲水系数＜1。

4）技术特点

集成了危险废物焚烧飞灰、炉渣干燥、配料、高温熔融、水淬等关键技术，降低了熔融温度，减少熔融成本，保证了熔渣的高玻璃含量，产品更安全，实现危险废物焚烧飞灰、炉渣的无害化、减量化和资源化。

6. 飞灰清洁安全熔融处置与循环利用智能化技术与装备

1）适用范围

该技术适用于生活垃圾焚烧飞灰，危险废物焚烧、热解等处置过程产生的底渣、飞灰，危险废物等离子体、高温熔融等处置过程产生的非玻璃态物质和飞灰。

2）工艺路线及参数

由于飞灰中的氯在高温过程中会以氯化盐的形式汽化，严重腐蚀设施设备，且冷却后的盐结晶堵塞设备，因此需在高温熔融之前对飞灰进行水洗脱氯。飞灰经水洗后氯离子与金属阳离子可形成氯盐，且均为水溶性盐。通过三级逆流水洗，控制水灰比和水洗时间，飞灰中氯含量可降至1%。脱氯后的飞灰中主要含有 Si、Ca，同时含有一定重金属和有机污染物（二噁英、呋喃等）。在 1100～1300℃高温下，二噁英的分解率大于 99.0%，有效去除有机污染物。同时高温下 SiO_2 能够形成玻璃网络结构（$[SiO_4]$四面体结构），重金属及其他金属阳离子根据电荷大小、配位数大小和阳离子大小等，分别以网络外体或网络中间体的形式分布在玻璃体结构中，重金属浸出率极低。此外，仅以飞灰为主要成分比例难以构成玻璃体，因此该技术采用其他危险废物作为配料，达到实现物质玻璃化的配比要求，通过分析飞灰及配伍原料中各个成分的含量，并与目标产物的标准成分量进行比对，进行精准配伍。

飞灰水洗阶段工艺参数如下：飞灰日处理量：300 t；飞灰含氯量：约15%；水洗后飞灰含氯量：＜1%；水洗后飞灰含水率：30%以下。

高温熔融阶段工艺参数如下：熔融温度：1250～1350℃；保温时间：30～

60 min；入炉空气温度：25℃；入炉危险废物混合量：28400 kg/h；入炉燃料及物料温度：25℃；玻璃体中氯离子：≤0.06%；玻璃体中硫化物及硫酸盐（按三氧化二硫质量计）：≤0.5%。

3）主要技术指标

采用有机固体废物热解产生碳化渣作为原料之一进行智能配伍，热源100%利用，污染物综合削减率近100%。飞灰处理采取水洗脱氯技术，采用多次逆流漂洗的工艺，用水量不超过飞灰质量的4倍。

4）技术特点

该技术能有效去除二噁英等有机污染物：经高温熔融后，二噁英、呋喃、苯并芘、苯并蒽等分解率高于99%。重金属浸出率极低，综合利用产物玻璃体无毒无害。相较于固化稳定化、分离萃取、水泥窑协同处置等技术，该技术具有减容率高、熔渣性质稳定、无重金属溶出等优点。低氯残留飞灰水洗、高热废物复配智能化数据库及"预干化-玻璃化"的熔融水淬炉成套装备，可实现飞灰安全、高效、低成本熔融处理。

7. 水泥窑协同处置生活垃圾焚烧飞灰技术

1）适用范围

单线熟料生产规模2000 t/d及以上的水泥窑协同处置生活垃圾焚烧飞灰（图4-44）。

图 4-44　水泥窑协同处置生活垃圾焚烧飞灰系统

2）工艺路线及参数

飞灰经逆流漂洗、固液分离后，利用篦冷机废气余热烘干，经气力输送到水泥窑尾烟室作为水泥原料煅烧。洗灰水经物化法沉淀去除重金属离子和钙镁离子，沉淀污泥烘干后与处理后飞灰一并进入水泥窑煅烧；沉淀池上部澄清液经多级过滤、蒸发结晶脱盐后全部回用于飞灰水洗。窑尾烟气经净化后达标排放。处理 1 t 飞灰综合用水量为 0.7～1.0 t。

该技术主要包括水洗飞灰、污水处理、水泥窑协同处置三部分(图 4-45)。

(1) 飞灰水洗部分：将专用运输车送来的飞灰通过气力输送管道送入飞灰储仓。飞灰从储仓中经计量后输送到搅拌罐中与计量好的水混合洗涤,料浆经固液分离设备后,进入气流烘干机,烘干机采用熟料箅冷机废气作为热源,在烘干机内,飞灰通过与热废气直接接触的方式进行烘干处理,最终形成预处理后飞灰,然后进入料仓作为水泥原料备用。滤液进入飞灰水洗液处理单元处理。

(2) 污水处理部分：洗灰产生的滤液,即飞灰水洗液,除含有氯、钾、钠及重金属离子外,还有少量悬浮物,经物理沉淀后加入化学试剂将重金属离子和钙镁离子沉淀,钙镁污泥和含重金属的少量污泥与飞灰一同经烘干机烘干后进入飞灰料仓。沉淀池上部的澄清液经粗滤及精滤后通过蒸发结晶工艺设备进行盐、水分离,冷却水作为清水回用于水洗飞灰部分。

(3) 水泥窑协同处置部分：烘干后的飞灰和沉淀污泥利用气力输送设备通过密封管道直接输送到 1000℃ 的窑尾烟室,进入水泥窑煅烧。

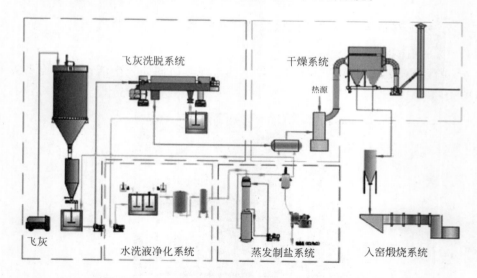

图 4-45　水泥窑协同处置生活垃圾焚烧飞灰工艺流程

3) 主要技术指标

飞灰经水洗处理可去除 95％ 以上氯离子和 70％ 以上钾、钠离子,处理后飞灰中氯含量小于 0.5％。

4) 技术特点

集成飞灰逆流漂洗、气流烘干、水泥窑高温煅烧及洗灰水多级过滤、蒸发结晶等关键技术,实现焚烧飞灰的无害化、减量化和资源化。

8. 水泥窑协同处置危险废物技术[48]

1）适用范围

该技术可处理23类、245种危险废物（图4-46）。

图4-46 安徽某水泥窑协同处置固体废物项目外观图[49]

2）工艺路线及参数

水泥窑协同处置危险废物的工艺流程包括：危险废物的准入评估分析、危险废物的接收与分析、危险废物贮存分析、危险废物预处理分析、危险废物协同处置工艺分析。协同处置流程如图4-47所示。

新型干法窑的煅烧过程物料和烟气流向相反。

物料流向和反应过程：生料磨→预热器→分解炉→回转窑→冷却机。

烟气流向：回转窑→分解炉→预热器→增湿塔→生料磨→除尘器→烟囱。

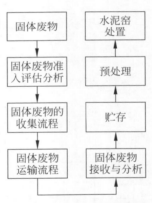

图4-47 水泥窑协同处置危险废物流程图

该技术依托新型干法水泥窑生产线烧成车间由五级双列悬浮预热器、分解炉、回转窑、篦式冷却机组成。随生料喂入预热器的固体废物经预热器预热后进入分解炉,部分固废物料直接输送进入分解炉,分解炉内的气体温度在850～1150℃；分解后的物料喂入窑内煅烧,部分物料直接喷入窑头；出窑高温熟料在水平推动篦式冷却机内得到冷却。从窑尾预热分解炉排出的窑尾废气约为350℃,进入锅炉余热利用后,排放的废气温度约为180℃；然后进入窑尾布袋除尘系统。

经冷却后的熟料进入破碎机破碎,破碎后的熟料汇同漏至风室下的小粒熟料,一并由裙板输送机送入熟料库储存。通过熟料床的热空气,除分别给窑和分解炉提供高温二次风及三次风外,一部分作为煤磨的烘干热源,其余废气经布袋除尘器净化后由排风机排入大气(图 4-48)。

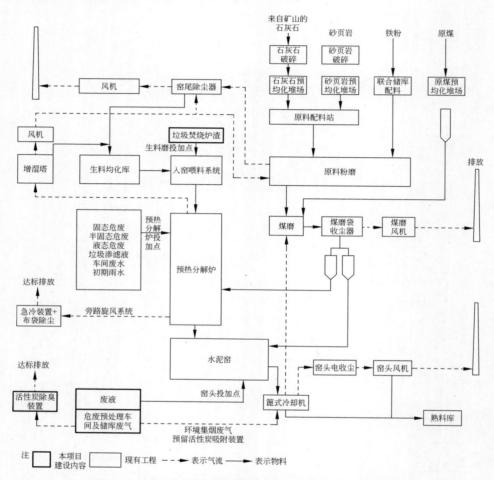

图 4-48 水泥窑协同处置固体废物工艺流程及产污节点图

3)主要技术指标

可处置危险废物如下。

(1)液态危废

工业废液包括 HW06 废有机溶剂与含有机溶剂废物(10000 t/a),HW08 废矿物油(10000 t/a),HW09 油/水、烃/水混合物或乳化液(2000 t/a)。

（2）固态/半固态危险废物

低水分固态废物：固态废物（含水率<20%，不含飞灰）共计 56000 t/a。主要包括 HW11 精馏残渣（10000 t/a）、HW18 焚烧处置残渣（26000 t/a）、HW48 有色金属冶炼废物（20000 t/a），总处置量约为 56000 t/a。

高水分固态及半固态废物：①固态废物（含水率>20%）共计约 69600 t/a。主要包括 HW02 医药废物（1200 t/a）、HW03 废药品（1000 t/a）、HW04 农药废物（2000 t/a）、HW07 热处理含氰废物（200 t/a）、HW16 感光材料废物（600 t/a）、HW17 表面处理废物（35000 t/a）、HW19 含金属羰基化合物（200 t/a）、HW22 含铜废物（6000 t/a）、HW23 含锌废物（400 t/a）、HW37 有机磷化合物废物（200 t/a）、HW38 有机氰化物废物（200 t/a）、HW39 含酚废物（200 t/a）、HW40 含醚废物（200 t/a）、HW46 含镍废物（200 t/a）、HW49 其他废物（20000 t/a）、HW50 废催化剂（2000 t/a）等。②半固态废物主要包括 HW02 医药废物（600 t/a）、HW11 精馏残渣（10000 t/a）、HW13 有机树脂类废物（3000 t/a）、HW32 无机氟化物（200 t/a）、HW33 无机氰化物（200 t/a）、HW49 其他废物（20000 t/a）。

（3）飞灰

危废种类为 HW18 焚烧处置残渣，飞灰由专用车运输至飞灰仓，飞灰采用专用储存仓进行存储，生产过程中经密闭管道输送至窑尾，采用有计量功能的喷射装置从窑尾喷入。因飞灰中 Cl 含量相对较多，为防止飞灰有害成分对水泥窑系统造成不良影响，在本底 Cl 含量较高的情况下将停止投加飞灰。

4）技术特点

新型干法窑的废物投加点的选择有三处：窑头高温段（包括主燃烧器投加点和窑门罩投加点）、窑尾高温段（包括预热分解炉、窑尾烟室和上升烟道投加点）和生料配料系统投加点（生料磨投加点），如图 4-49 所示。

窑头高温段：物料温度在 900～1450℃，物料停留时间为 30 min；烟气温度在 1150～2000℃，气体停留时间约为 10 s。经窑头进料的有：废液（因不适宜从窑头主燃烧器投加，因此采用从窑头的窑门罩喷射入窑）、飞灰（飞灰属于粉状废物，从窑头的主燃烧器喷射进入窑内固相反应带，以确保废物反应完全）。

窑尾高温段：物料温度在 750～900℃，物料停留时间约为 5 s；烟气温度在 850～1150℃，烟气停留时间约为 3 s。经窑尾预热分解炉进料的有：预处理后工业废液和固态/半固态废物（虽含有难降解有机物，但工业废液与固态/半固态废物混合后具有一定含水率，因此优先选择从窑尾进料）、预处理后的低水分可燃废物（因含有各种固态、半固态废物，因此选择从窑尾进料充分焚烧处置）。

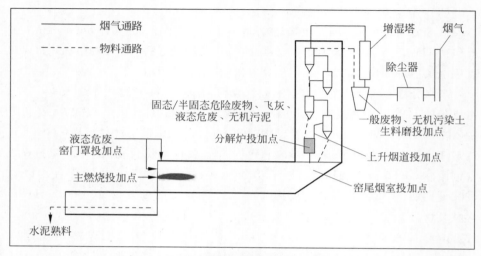

图 4-49　回转窑煅烧过程及可用于投料的位置

生料磨投加点(悬浮预热器):投加后的物料温度在 100~750℃,物料停留时间约为 50 s;预热器内的气体温度在 350~850℃,气体停留时间约为 10 s。经生料磨进料的有:非挥发性固体废物、无机污染土、生活垃圾焚烧炉渣。

9. 生活垃圾焚烧飞灰高温烧结生产建材基材技术(天津壹鸣环境科技股份有限公司)

1) 适用范围

适用于垃圾焚烧飞灰高温烧结资源化制建材基材技术领域及其他固废焚烧灰渣、污染土壤、污泥等高温烧结协同处置(图 4-50)。

2) 工艺路线及参数

本技术利用高温烧结的方式,将氯盐和部分重金属挥发至烟气再浓缩富集于浓缩灰(二次飞灰)中,二噁英在高温环境下几乎彻底降解,配合急冷降温,避开再合成温度段,结合脱酸、除尘工艺使烟气达标排放,主要污染物固化及去除机理如下:

(1) 重金属和氯盐:借鉴冶金行业氯化焙烧原理,利用飞灰中高含量的氯(高达 20% 以上),在高温环境下与易挥发性重金属(如锌、铅、铜、镉等)形成低熔点、易挥发的氯化物而从飞灰中分离,挥发至烟气中,大幅度降低建材基材中的重金属含量;利用冷肼原理,采用急冷降温的方式将烟气中的重金属氯化物凝结进入固相,最终被捕集进入浓缩灰中,实现污染物的浓缩富集;飞灰中不易挥发的重金属在高温烧结过程中通过硅酸盐反应固化在建材基材的矿物晶格

图 4-50　天津壹鸣环境科技股份有限公司飞灰资源化设备

中,最终使建材基材的重金属含量和浸出量双降低。

(2) 二噁英:利用二噁英高温降解、低温再合成原理,集成二噁英高温分解技术、急冷降温技术,避免了烧结过程中新的二噁英生成;并辅以活性炭喷射捕集技术,对逃逸的二噁英几乎完全捕集。以上两道二噁英防线的设置,使得生产过程排放的烟气中二噁英的含量远优于国家标准。

工艺流程如图 4-51 所示。

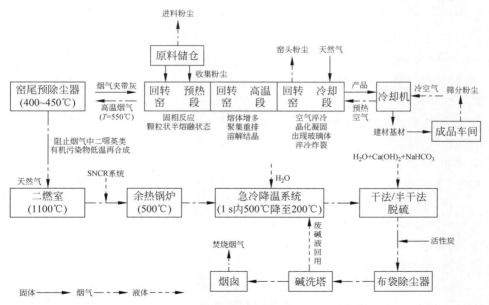

图 4-51　焚烧飞灰制备高温烧结建材基材工艺流程

飞灰、烧结助剂通过链板输送机输送至变径回转窑内,经预热段、高温煅烧段、冷却段后,资源化产物建材基材首先预热助燃冷空气,再通过皮带输送机送往成品车间储存。回转窑采用天然气作为燃料。

二燃室高温燃烧、余热锅炉、半干法/干法脱酸塔、急冷降温以及布袋除尘器捕集的浓缩灰经浓缩灰输灰系统的灰槽泵收集。

在飞灰烧结的过程中,在窑头部分可能会散发出少量含有粉尘的废气。在烧结车间的窑头上方设有专用的集风罩,通过引风机产生的负压,将窑头散发出的烟气收集,并通过布袋除尘器进行过滤,过滤后的空气由排气筒排入大气。

3) 主要技术指标

主要工艺运行及控制参数的范围见表 4-5。

表 4-5   技术系统主要工艺运行及控制参数表

参数类别	具体参数名称	取值范围
炉窑参数	窑尾烟室温度	450~550℃
	回转窑高温区温度	1250~1300℃
	回转窑最高温度	1350℃左右
	回转窑进料口系统负压	-120~-170 Pa
烟气净化系统参数	二燃室温度	≥1100℃
	余热锅炉出口温度	500℃左右
	急冷塔出口温度	160℃左右

4) 技术特点

生活垃圾焚烧飞灰采用高温烧结制备建材基材技术处理,得到二噁英解毒、重金属总量和浸出量双降低的建材基材产品;挥发至浓缩灰中的重金属后续可提取回收作为冶金原料,难挥发性重金属被固化在建材基材的致密矿物晶格中。飞灰二噁英消减率大于 99.5%,挥发性重金属消减率(回收利用率)达40%左右,重金属晶格固化率大于 99%。烟气中氯化氢、氟化氢、二氧化硫、氮氧化物、一氧化碳、重金属、二噁英等排放浓度远低于《危险废物焚烧污染控制标准》(GB 18484—2020)限值要求。技术先进性体现在如下几个方面:

(1) 资源化产品环境安全性高:本技术一改将重金属"堵"在烧结产物中的传统处理思路,利用飞灰含氯量高的特点,将易挥发性重金属从飞灰中分离出来,攻克了一般热处理技术无法实现的固废资源化产品中重金属含量和浸出量同时降低的技术难题。

(2) 烟气达标排放、污染物浓缩富集:本技术集成二噁英高温分解技术、急冷降温技术,避免了烧结过程中新的二噁英生成,并辅以活性炭喷射捕集技术,对逃逸的二噁英几乎完全捕集,同时采用脱酸、除尘,使烟气达到国家标准后安全排放；烟气中重金属和氯盐绝大部分被捕集进入浓缩灰，符合污染物浓缩后集中处置原则，后期可将浓缩灰分离回收重金属及盐，进一步提高环境友好性和资源利用率。

（3）处理成本低：与采用其他飞灰资源化处置技术相比，每吨处理成本可降低 15%～20%。

4.2.3　医疗废物处置技术

1. 医疗废物高温干热处置技术

1）适用范围

医疗废物集中处置领域，单台日处理量为 6～20 t。

2）工艺路线及参数

医疗废物干热处置技术包括上料、碾磨、干热灭菌、出料、废气净化等过程。

（1）预破碎：为提高热量向物料内部传递的效率，使其受热更均匀并使医疗废物不可辨认，在高温干热灭菌前，先进行破碎毁形。

（2）设备一体化：破碎设备和高温干热灭菌室为一体机（图 4-52），从而避免破碎时含病原体的破碎扬尘泄漏到空气中，避免操作人员受到危害。

（3）抽真空：两组真空泵系统的运行保证了医疗废物处理全过程在负压环境下进行，进一步保证了破碎和灭菌时病原体不会泄漏，并使热能更快速地传导到医疗废物的内部。

（4）搅拌灭菌：在高温干热灭菌过程中，通过搅拌翻动医疗废物可使医疗废物受热更均匀，从而提高高温干热灭菌效果。

（5）喷洒灭菌药剂：在破碎机进料箱内喷洒一定剂量的灭菌药剂，对进料箱和研磨破碎机进行消毒的同时，药剂随医疗废物进入高温干热灭菌室，在高温和药剂的双重作用下，提高了灭菌效果。

（6）低温等离子废气净化：低温等离子＋粉尘阻拦干燥器＋活性炭组合式废气净化系统；利用低温等离子的高能电子、自由基等活性粒子和废气中的污染物作用，使污染物分子在极短的时间内发生分解，并发生后续的各种反应以达到降解污染物的目的。

系统的灭菌温度稳定在 170～200℃，消毒时间为 20 min，搅拌速度为 21 r/min，灭菌时灭菌室内部压力稳定在 4200～4600 Pa，废气净化率为 98%，在 200 Pa 预真空状态下工作。

图 4-52   医疗废物高温干热处置系统

3）主要技术指标

对医疗废物高温干热处理设备中的载菌体平均杀灭对数值＞6.00,减容率达到 80％,减量率达到 30％。

4）技术特点

将医疗废物经过高强度碾磨后,暴露在负压高温环境下并停留一定的时间,利用精准的传导程序使热量高效传导至待处理的医疗废物中,使其所带致病微生物发生蛋白质变性和凝固,进而导致医疗废物中的致病微生物死亡,使医疗废物无害化,达到安全处置的目的。具有灭菌彻底、低能耗、安全性能可靠性高、全自动化、超低废水废气排放等特点。

2. 医疗废物高温蒸汽处理技术

1）适用范围

该技术适用于感染性废物、损伤性废物及一部分病理性废物,病害动物尸体的无害化处理(图 4-53)。

2）工艺路线及参数

将装入灭菌小车的医疗废物在高温蒸汽处理锅进行灭菌处理,处理锅内的废气经冷却、除臭、过滤后达标排放,处理锅内的废液经污水处理单元处理后用于工艺循环冷却水或用于运输车辆、装载容器清洗,灭菌后废物送入破碎单元毁形。也可先将医疗废物破碎毁形,再高温蒸汽灭菌。处理后医疗废物送往填埋场填埋。灭菌温度不低于 134℃,压力不小于 0.22 MPa,灭菌时间不少于 45 min。废气净化装置过滤器的过滤尺寸不大于 0.2 μm,耐温不低于 140℃,过滤效率大于 99.999％(图 4-54)。

图 4-53　医疗废物高温蒸汽处理系统

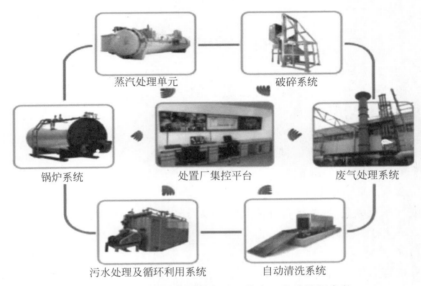

图 4-54　医疗废物高温蒸汽处理技术工艺路线及参数

采用先蒸汽处理后破碎的工艺流程如图 4-55 所示,包括进料、预真空、高温蒸汽处理、后真空、排污、出料、破碎等工艺单元。

(1) 进料:将医疗废物装入灭菌小车,然后将灭菌小车推入高温蒸汽处理锅内,关闭锅门,使医疗废物处于一个密闭空间内。

(2) 预真空:将处理锅内的空气抽出。

(3) 高温蒸汽处理:处理锅内通入高温蒸汽,对医疗废物进行灭菌处理。

(4) 后真空:抽出处理锅内的蒸汽,并使处理锅内的水分迅速汽化,达到干燥目的,排出的废气通过废气处理单元冷却、除臭、过滤后达标排放。

(5) 排污:使处理锅内压力恢复常压,同时将处理锅内的废液排出,进入污水处理单元,经过处理后达标排放。

(6)出料:打开处理锅锅门,将灭菌小车由处理锅内拉出。

(7)破碎:将灭菌小车内处理后的废物送入破碎单元,破碎毁形后进入后续处理环节。

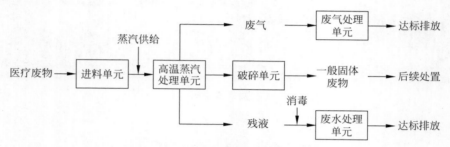

图 4-55　医疗废物高温蒸汽处理技术工艺流程

3)主要技术指标

以嗜热性脂肪杆菌芽孢(ATCC7953 或 SSIK31)作为生物指示菌种衡量,微生物灭活效率不小于 99.99%。

预真空:真空度≥0.09 MPa。

杀菌温度:≥134℃(对应的饱和蒸汽压力≥0.22 MPa)。

杀菌时间:≥45 min。

后真空:真空度≥0.06 MPa。

废气净化装置过滤器的过滤尺寸不大于 0.2 μm,耐热温度不低于 140℃,过滤效率大于 99.999%。

4)技术特点

采用容器钢渗合涂层技术的高温蒸汽处理设备可解决内壁腐蚀问题,延长设备使用寿命。废液不需要另外的加热单元处理。医疗废物高温蒸汽处理过程中通常伴随着废液产生,《规范》中规定废液必须经过另外的加热处理单元处理达标后方可排放,而这个过程需要另行消耗能源。采用美国 BONDTECH 的废液隔离集成处理技术,凝结水与废液严格分隔,无废液排放,凝结水直接达标排放,无需单独处理,这也是其设备能耗低的关键因素之一;不采用液环式真空泵,节省能源,缩短整个处理周期;冷凝水循环利用,节约水资源;独有热力除臭技术,减少尾气处理环节,节约处理成本。

3."摩擦热"(FHT)医疗机构医疗废物就地化、无害化、智能化处理技术

1)适用范围

该技术适用于处理医疗临床废物,特别是感染性、损伤性及部分病理性医疗垃圾。

2）工艺路线及参数

该技术是一种干热-湿热综合作用的消毒技术,核心原理是对构成活细胞的蛋白质进行热分解。

医疗废物投入消毒反应腔室并启动设备,带有特制合金刀片的叶轮开始转动研磨废物,温度开始升高。随着叶轮转速的提升,温度提升逐步加快,至100℃时温度保持稳定,直至废物中存在的水分完全蒸发。随后温度再度升高,开始实现消毒处理,温度达到150℃后叶轮转速减慢,已完成破碎消毒的废物经喷淋冷却,温度降至95℃后,整个消毒处理循环完成,处理产物被收集至收集器中。摩擦过程的机械能转化为热能,保证废物360°无死角均匀摩擦受热,在热量作用下使废物中致病微生物发生蛋白质变性和凝固,致病微生物死亡,最终实现医疗废物的消毒处理。

该技术工艺参数见表4-6。

表 4-6　设备运行温度和持续时间参数设置

运行阶段	温度区间/℃	持续时间/min
初步加热	室温～60	≥4
加速升温	60～90	≥2
水分蒸发	90～135	≥11
高温消毒	135～150～135	≥2
喷淋冷却	135～95	≥1

3）主要技术指标

微盾摩擦热处理设备在医疗废物充分研磨破碎的基础上,使医疗废物360°无死角均匀摩擦受热,对干热抗力最强的微生物——枯草杆菌黑色变种芽孢和湿热抗力最强的微生物——嗜热脂肪杆菌芽孢的杀灭对数值均大于5.0,达到国家标准要求。该技术处理每吨医疗废物的碳减排量不少于79.59 kg。

4）技术特点

该技术设备占地面积小,建设周期短,实现了医疗废物的就地解决,避免了运输过程中的潜在风险,同时节约了运输成本。处理设备中已配备尾气净化装置并可配备水循环装置,处理过程产生的废气、废水量少且能稳定达标排放,无二次污染风险,医疗废物经处理后的产物满足生活垃圾焚烧厂入炉或填埋场入场的要求。采用摩擦热作为消毒热源的方式令受热更均匀,提高了消毒效率的同时缩减了工艺流程。采用摩擦热处理技术处理后的医疗废物,彻底改变了原有形态,不仅实现了有效的破碎、减容、干燥,满足《医疗废物处理处置污染控制标准》(GB 39707—2020)对消毒处理后医疗废物最终处置的条件,而且最终产物性质稳定且具有较高热值,具备能源化应用潜力。

4. 连续式医用废塑料无害化安全利用技术

1)适用范围

该技术适用于废塑料、医疗废塑料回收利用企业连续式达标灭菌和造粒。

2)工艺路线及参数

超声波雾化使灭菌药液均匀喷洒在物料表面进行杀菌,再运用高温干热技术让细菌芽孢蛋白质进一步分解酶变,通过特殊菌溶剂超声波雾化和高温干热灭菌技术的联合应用,最终实现医用废塑料的高效灭菌。

该技术通过废塑料的破碎-清洗-机械脱水-热熔-挤出-冷却-造粒-成品等工艺环节,实现从塑料颗粒到产出成品的转化,真正实现产业闭环。

系统的灭菌温度稳定控制在 160～180℃,废气净化率为 98%,杂质分级筛选率为 98%。

3)主要技术指标

该技术设备对繁殖体细菌、真菌、亲脂性/亲水性病毒、寄生虫和分枝杆菌及枯草杆菌黑色变种芽孢等进行杀灭消毒,减少 $PM_{2.5}$ 的产生。对载菌体平均杀灭对数值为 4.13,高于国家标准要求。每回收利用 1 t 输液瓶袋,可减少 29.05 kg 二氧化碳排放量。

4)技术特点

消毒灭菌效果好、节能环保指标高、能耗低。技术设备系统模块化设计适用性强,占地面积小,便于移动,且对医用废塑料杂质的去除率达到 99%。技术设备实现全自动化,安全性能高,可在 20 min 内实现彻底的灭菌处理。

第5章

"无废城市"建设试点的危险废物先进管理模式

5.1 危险废物源头管控管理模式

5.1.1 绍兴市：危险废物"源头管控"精细化管理模式

1. 基本情况

绍兴市是浙江省唯一的"无废城市"试点区,试点工作翻开了绍兴城市建设的重要篇章。试点前,绍兴市危险废物管理主要面临如图 5-1 所示的三个问题。

针对以上问题,绍兴市以"无废城市"建设为抓手和载体,坚持问题导向,通过制度、市场、技术、监管四大手段,全面提升危险废物利用处置能力、监管能力和风险防控能力,探索形成了"源头减量—全量收运—规范利用处置"的危险废物精细化管理模式(图 5-2)。

2. 主要做法

1) 通过绿色工厂建设和工艺技术革新,以工业原料全量利用为目标,实现危险废物减量化和资源化

出台《绍兴市绿色制造体系评价办法》,明确"产品设计生态化、用地集约化、生产洁净化、废物资源化、能源低碳化""六化"为主体的绿色工厂创建要求。提出"无废工厂"理念,制定《绍兴市"无废工厂"评价标准》,细化了危险废物资源化、无害化等要求,截至 2020 年 12 月,合计创建市级绿色工厂 70 家、"无废工厂"40 家。清洁生产技术列表见表 5-1。

1. 危险废物产生量较大

2019年，绍兴市工业危险废物产生量为4.292×10^5 t，位居浙江省前列。

2. 小微产废企业危险废物收运不及时

- 绍兴市有危险废物产生的小微企业共2184家，其中年产生危险废物10 t以下的1894家，占比86.7%。
- 收运处置问题已逐渐演变成企业管理的"痛点"、政府监管的"难点"、经济发展的"堵点"。

3. 废盐、飞灰依靠无害化分区填埋处置，缺乏综合利用手段

绍兴市废盐、飞灰合计产生量10余万吨/年。2020年6月1日，新《危险废物填埋污染控制标准》实施，废盐等危险废物需进入刚性填埋场填埋，加剧了绍兴市处置压力。

图 5-1   绍兴市危险废物管理面临的问题

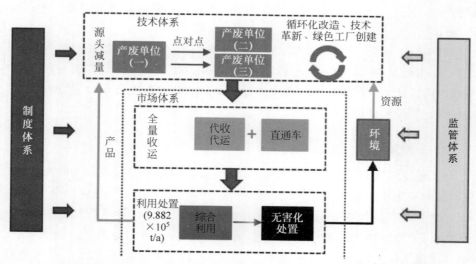

图 5-2   "源头减量—全量收运—规范利用处置"的危险废物精细化管理模式

表 5-1 清洁生产技术列表

技术改造项目	技术改造内容
分散染料行业清洁生产技术改造	将原来每吨染料产生 $90\sim120$ t 酸性废水的工艺改造为接近"零排放",使单位产品废水产生量下降 95%,单位产品废渣产生量下降 96%,减少硫酸钙废渣 1.44×10^5 t/a,回收副产硫酸铵产品 7×10^4 t/a,获得直接经济效益 3 亿元/年。该项目已被列入国家工信部清洁生产示范项目
混杂废盐综合治理资源化改造	针对化工行业产生的工业混杂废盐无利用价值且处理成本高的问题,龙盛集团开发出一套高盐废水综合治理技术。按照该集团目前 6000 t/d 的废水排放量,平均含盐浓度 2%计算,每年可减少混杂废盐产生量 2×10^4 t,获得直接经济效益 1.6 亿元。此外,与上虞众联环保有限公司合作,投资 10 亿余元建设每年 5×10^4 t 工业废盐和 6×10^4 t 废硫酸的资源化利用项目,将处置成本高、经济效益差、安全风险大的氯化钠、硫酸钠的混杂盐,转化为经济价值高、市场容量大的硫酸钠和盐酸,同时因地制宜解决了工业废硫酸的处置问题,形成了一条绿色、可持续的"废盐生态链"
医药化工行业提升原子利用率改造	某集团生产的营养品、香精香料、原料药等产品可以共用中间体。利用高真空精馏、超临界反应等先进技术,把原材料吃干榨尽。"脂溶性维生素及类胡萝卜素的绿色合成新工艺及产业化"技术荣获了国家科技发明二等奖。同时大力提升生产自动化水平,实现自动化程度 90%以上、连续程度 80%以上,对无法连续化生产的部分工艺,也通过智能化系统实现程序控制。通过工艺和装备的提升,大幅度降低了损耗,减少了废物的产生
水煤浆气化及高温融熔协同处置技术	以工业有机固废、废液等作为原料替代煤和水,年节约标煤约 25000 t,节水约 31000 t。2019 年资源化生产合格的高纯氢气(氢能源) 1.18×10^7 m³、氢气 9.6×10^4 瓶、工业碳酸氢铵 5.44×10^4 t、工业氨水 6.16×10^4 t、液氨 1.86×10^4 t、甲醇 0.32×10^4 t、蒸汽 4.9×10^4 t 等产品,充分利用了有机类废物中的碳、氢元素,实现了危险废物的高附加值资源化利用

2) 探索建立"代收代运"+"直营车"模式,实现小微企业危险废物收运全覆盖

2020 年 7 月,绍兴市无废办和绍兴市生态环境局联合印发《绍兴市小微企业危险废物收运管理办法(试行)》,明确了产废单位、收运单位管理要求。依托"无废城市"信息化平台,规范小微产废企业危废管理,做到"应纳尽纳、应收尽收",清除监管盲区。

"代收代运"模式适用于辖区内危险废物利用处置单位数量较少、利用处置废物类别较为单一的地区。"直营车"模式较适合在工业园区集中且具备较强危险废物利用处置能力的地区推广应用(表 5-2)。目前,绍兴市的诸暨市、嵊州

市、新昌县小微企业危险废物收集采用了"代收代运"模式,上虞区已形成一套较为完善的"直营车"模式,实现乡镇全覆盖,合计清运小微企业危险废物 300 余次,处置危险废物 1800 余吨(图 5-3)。

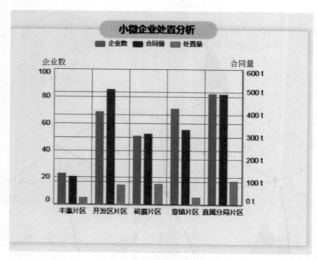

图 5-3 固废管理平台数据分析图

表 5-2 小微企业危险废物收运模式

收运模式	具体内容	实施效果
"代收代运"	"代收代运"模式指的是以区、县(市)为主体,遵循"政府引导、市场主导、企业受益、多方共赢"的原则,由属地政府制定相关操作规程,明确收运主体、收集范围及对象、收集许可、贮存设施、转运过程、延伸服务等要求,全力推动收运经营活动的规范化。统一收运单位要根据国家或地方环境保护标准建设规范建设收集贮存设施并获得环评批复,面积应根据收集贮存量及中转周期合理设计,污染防治设施应满足所收集种类的相关污染防治要求。在开展收集工作时,收运单位应与现有危险废物经营单位合作并取得其授权(收集范围不得超过合作单位危险废物经营许可证的规定),收运处置过程严格执行转移联单制度。该方式告别了传统的"政府兜底"思维,充分利用市场,进一步挖掘固体废物再生价值,提高固体废物的综合利用水平,实现发展循环经济和防控生态环境安全风险系统耦合。该模式较适用于辖区内危险废物利用处置单位数量较少、利用处置废物类别较为单一的地区	目前,绍兴市的诸暨市、嵊州市、新昌县小微企业危险废物收集采用了"代收代运"模式,已实现乡镇收运全覆盖,合计为企业节省危险废物处置成本 100 余万元

续表

收运模式	具体内容	实施效果
"直营车"模式	"直营车"模式指的是由危险废物经营单位直接集中签约,服务指导,定时、定点、定线上门收运的小微企业危险废物收运处置"直营"模式。该模式实现了小微企业危险废物收运处置一体化、服务运营网格化、监督管理信息化,提高了收运处置效率,降低了企业处置成本,避免了二次转运风险,增强了环境污染风险防控能力,较适合在工业园区集中且具备较强危险废物利用处置能力的地区推广应用。目前,绍兴市上虞区已形成了一套较为完善的"直营车"模式,该模式按照"申报+评审""签约+指导""平台+微信""转移联单+GPS监控""抽查+考核"的"五步法"开展	上虞区小微企业收运体系已实现乡镇全覆盖,合计清运小微企业危险废物 300 余次,处置危险废物 1800 余吨。越城区、柯桥区已全面启动"直营车"模式

3)以特点危险废物"点对点"定向利用为抓手,全面提升生态效益和经济效益

特定类别危险废物定向"点对点"利用,即在全过程风险可控的前提下,工业园区内特定企业产生的废酸和废盐等危险废物可直接作为另外一家企业的生产原料,减少中间环节。该模式能有效提升危险废物资源化利用水平,切实防范环境风险,实现生态效益和经济效益的双提升,带动企业增加再利用技术的研发投入,实现良性循环(图 5-4)。

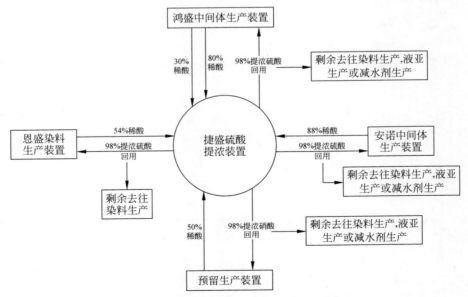

图 5-4 稀硫酸定向"点对点"资源化综合利用项目示意图

3. 取得成效

截至 2020 年年底,全市具有省级发证的危险废物经营单位共 32 家。合计处置能力为 3.092×10^5 t/a,综合利用能力为 6.7905×10^5 t/a,较试点前分别提升 7.96×10^4 t/a 和 1.631×10^5 t/a,全市危险废物无害化利用处置率达到 99.12%,危险废物综合利用率由试点前的 25% 增加到 30%。危险废物已实现产生利用处置基本匹配。各区、县(市)均建立小微企业危险废物收运体系,覆盖率达 100%。

4. 推广应用条件

绍兴市危险废物管理模式(图 5-5)对于地区经济较发达、行业集中度较高、民间资本参与积极的地区具有借鉴意义。

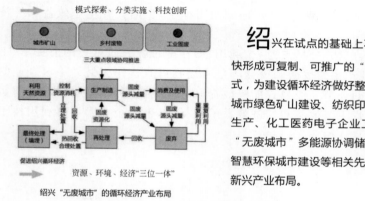

绍兴在试点的基础上不断总结经验,加快形成可复制、可推广的"无废城市"发展模式,为建设循环经济做好整体布局。不断推动城市绿色矿山建设、纺织印染化工企业的清洁生产、化工医药电子企业工业固废资源化、"无废城市"多能源协调储能智慧网络建设、智慧环保城市建设等相关先进技术开发,谋划新兴产业布局。

图 5-5 绍兴"无废城市"循环经济产业布局

5.1.2 盘锦市:"无废矿区"实现油田危险废物减量化的园区管理模式

1. 基本情况

辽宁省盘锦市位于渤海湾北部,辽河三角洲中心地带,是一座缘油而建、因油而兴的石化之城,素有"湿地之都、石油之城、鱼米之乡"美誉。近些年,辽河油田通过"无废油田""无废矿山"建设,将废弃矿山变为"绿水青山",盘锦走出了一条生态优先、绿色发展的新路子。2020 年辽河油田产生固体废物约 4.815×10^5 t,各类固废产生及处置利用情况见表 5-3。

表 5-3　辽河油田各类固体废物产生、处置利用情况（2020 年）

固废种类		产生量	综合利用量	外委处置	无害化处置	贮存量
一般工业固废	钻井泥浆/(10^4 t)	47.91	0	0	47.91	0
	废脱硫剂/(10^4 t)	0.24	0	0.24	0	0.01
工业固废	落地油泥/(10^4 t)	3.57	2.67	0.03	—	1.96
	浮渣和清罐底泥/(10^4 t)	0.956	1.04	0.009	—	0.004
	废弃铅酸蓄电池/(10^4 t)	34.64	—	54.26		3.67
	废润滑油/(10^4 t)	81.89	57.76	3.40	—	33.23

2. 主要做法

编制《辽河油田"无废矿区"创建方案》，确定以建设"绿色矿山"为工作主线，以打造"无废矿区"为主要抓手，以实现源头"减量化"、综合利用"多元化"、油田区域"协同化"、监督管理"智能化"为建设路径，形成全新管理模式，持续提升工业固体废物减量化、资源化、无害化水平，打造辽河油田"无废矿区"模式，积极推进固体废物源头减量和资源化利用，建设高质量发展的绿色油田（图 5-6）。

图 5-6　绍兴"无废城市"循环经济产业布局

"减量化"具体措施包括：①抓好源头控制，减少含油污泥产生量；②强化钻井废液与钻屑合规处置利用，减少废物总量（图 5-7）。

"多元化"具体措施有：①做好含油污泥分类处理，实现达标处置与资源化利用；②加强泥浆不落地处理（图 5-8），加大钻井泥浆循环使用，严格把控产生总量，实现固体废物综合利用；③加强技术研究，完善含油污泥资源回收工艺。加强浮渣和清罐底泥减量化、无害化的研究。

图 5-7　油泥减量化及贮存设施

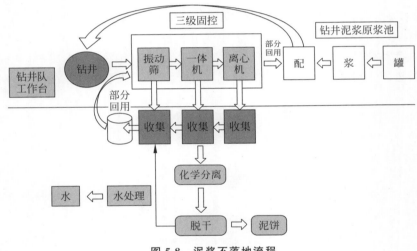

图 5-8　泥浆不落地流程

3. 取得成效

　　通过"无废城市"试点建设,辽河油田开展"泥浆不落地"采油厂的比例从 2018 年的 90% 提高到 2020 年的 100%;钻井泥浆综合利用率从 2018 年的 50% 提高到 2020 年的 100%;通过不断提升科技创新水平,以技术升级促进环保升级,把"清洁生产绿色作业"环保理念贯穿于作业生产活动中,以源头控制为重点,研发清洁作业配套技术,形成"无废矿区"管理运营机制,完成盘锦地区采油单位"绿色矿山"建设工作,完成创建任务。

4. 推广应用条件

该模式适用于油田矿区石油天然气开采、原油产品的预处理及含油污水处理等过程产生固废的监督管理、利用、处置，实现"绿色作业、源头控制"。在推广和应用中应注意：一是要加强钻井废液与钻屑不落地管理，严格把控钻井废液与钻屑产生总量；二是要注重落地油泥在采油厂就地处理，浮渣与清罐油泥分区域集中处理。

5.1.3 云和县："正面清单"制度破解水性漆渣管理难题

1. 基本情况[50]

丽水市云和县是中国木制玩具城，共有木制玩具生产企业 1000 多家，木玩产量占全国的 56%、世界的 40%以上。经过多年的源头替代，木玩生产企业在喷漆、滚漆等涂装过程中水性漆使用占比高达 90%以上。但是，对于水性漆涂装过程中产生的漆渣、漆桶是否属于危险废物也一直困扰当地管理部门和行业企业，"民有所呼、政有所应"，针对水性漆漆渣监管过程中出现的问题，云和县分"三步走"，建立"正面清单"制度，妥善破解了管理症结，减轻了行业负担，优化了营商环境，赢得了企业的掌声，加快了"无废城市"建设。

2. 主要做法

（1）投石问路，组团鉴别

结合企业意愿，鼓励、引导水性漆生产商、经销商采用组团鉴别的方式同鉴别机构谈判、议价，降低鉴别费用，同有意愿参与鉴别的第三方机构沟通、交流鉴别流程和技术规范，要求尽可能地降低价格，实现互利共赢。目前，已有 17 家水性漆生产商、经销商采用组团鉴别的方式，分别委托 2 家鉴别机构开展鉴定，每家企业鉴别费用降低至 6.5 万～8 万元，比首家减少了 70%左右，极大地减轻了企业负担。

（2）源头控制，差异监管

目前，云和县使用水性漆的企业约 300 家，而使用的水性漆品牌有 20 余个。云和县印发《关于要求开展水性漆危险废物鉴别工作的通知》，创新监管方式，落实源头管控制度，对已通过鉴别的企业及所属水性漆品牌实行备案登记，建立"正面清单"，落实差异化固体废物监管措施，全面减轻企业危险废物收集、贮存、运输、利用、处置的全过程管理压力。

3. 取得成效

开展水性漆漆渣危险特性鉴别工作是云和县按照国家技术规范,着眼于当地实际,创新鉴别路径和鉴别对象,优化营商环境,减轻监管压力的一项生动的具体的实践,为同类行业企业监管提供了良好的借鉴。

5.1.4 德清县:"中国钢琴之乡"奏出"无废"美丽乐章

1. 基本情况

湖州市德清县洛舍镇被誉为"中国钢琴之乡",随着产业经济的不断壮大,散而少的钢琴油漆废气、危险废物处理难问题日益显现。德清县积极探索并建成了全国首个钢琴油漆"共享"中心,用跳动的琴键奏响最美"无废"乐章[51]。

2. 主要做法

(1)"腾笼换鸟"高投入盘活闲置厂房

在"钢琴小镇"C3区块建成全国首个钢琴油漆"共享"中心(图5-9)。油漆"共享"中心共分三层:第一层为钢琴铁牌油漆自动化涂淋生产线,第二层为钢琴外亮油漆自动化静电喷涂生产线,外壳、大板涂淋生产线,第三层为产业高质量发展预留空间。目前小镇已集聚钢琴企业77家,计划后续纳入更多钢琴企业进行统一喷漆工序。

图 5-9 油漆"共享"中心

(2)行业领先高标准建设"共享"中心

以高规格超标准建设钢琴油漆"共享"中心废气处理设施(图5-10),采用国内行业内最先进的沸石转轮浓缩＋RCO脱附燃烧处理技术。油漆有机废气集中收集经该技术吸附/脱附处置后,不仅有效降低了 VOCs 排放,VOCs 排放量从原来的 52 t/a 降低到了 6 t/a,同时减少了废活性炭等危险废物的产生量,从原来的 230 t/a 降低到 9.3 t/a,实现了经济效益和环保效益的双赢。

图 5-10 钢琴油漆"共享"中心废气处理设施

3. 取得成效

建成的钢琴油漆"共享"中心拥有年加工 4 万套钢琴配件的油漆处理能力,将各企业分散喷漆工序集中进行统一喷漆,使污染物产生点由分散变为集中。实现源头减量,水性漆代替油性漆,每年可减少漆渣、废油漆桶等危险废物约 20 t,有效减轻企业环境治理成本,降低环境风险。

5.2 危险废物收运储管控平台及模式

5.2.1 北京经开区:小微企业"危废管家"模式

1. 基本情况

北京经开区于 1992 年开始建设,作为唯一的国家级经济技术开发区入选"无废城市"建设试点,具有典型的工业代表性,且位于首都北京,具备良好的管理基础,同时也在工业固废精细化管理,危险废物减量化、无害化处置,生活固废资源化利用及缺少相关处置设施等方面存在着瓶颈。

2019 年 9 月,北京经开区入选全国首批"无废城市"建设试点名单,开始进入"无废时间"。经过两年的探索与尝试,目前,初步形成了核心产业绿色升级带动全产业链减废提质、小微企业危险废物管理"管家式"服务、服务工业固体废物全生命周期的数字化管理、以"无废园区"打造城市绿色循环典范、生活垃圾分类产城一体化、市场体系建设助力节能环保产业培育六大亮点突出、成效鲜明的"无废城市"建设经验模式和多个典型案例。

危险废物来源包括大型生产制造企业、中型技术服务企业、微小型技术服务企业及社会源单位(如汽车销售服务公司、社区、医院、高校、汽车4S店等)。通过建立小微危险废物收集全过程追溯及智能收运体系,通过大数据、物联网等技术,构建"产生-转移-处置"危险废物全生命周期信息网。提升服务质量,提高服务效率,使政府监管部门和产废单位可随时查看。

2. 主要做法

积极参与"无废城市"建设的生物医药园危险废物收集项目,负责暂存设施的日常管理和运行,为园区一站式服务摸索经验,逐步形成小微企业"危废管家"集中收运体系。通过升级信息系统,扩充功能模块,实现危险废物智能配车、自动配库、机器人自动巡检,实现收集、贮存、转运和处置全过程的可跟踪、可追溯,并增加外部对接端口,使监管部门和产废单位可随时查看,为行业智能化服务提供经验。

按照18类危险废物的不同性质划分为9个库房,对收集的危险废物进行分类贮存(图5-11),涉及工业源、社会源各类企事业单位,包括大、中、小各类企业,已为所在开发区40%产废企业提供服务。

图 5-11 危险废物贮存区

3. 取得成效

一是实现生物医药园区18类危险废物的分类贮存,涉及工业源、社会源各类企事业单位,包括大、中、小各类企业。

二是危废智能终端(图5-12)可帮助管理人员实现自动称重、自动巡库、自动打包、人脸识别等智能化管理代替耗时手工操作,实现安全生产、降低环保风险。

三是为开发区企业增效减负,助力开发区创造良好的营商环境,在保证安全运行的基础上,降低产废企业的处理费用,平均降低近20%。

图5-12 危废智能终端

4. 推广应用条件

适用于具有小微企业危险废物收集、贮存需求的城市。

北京市经开区构建"一规完善分类、一网数据尽统、一单全程跟踪、一键资源匹配、一表分级评价"的服务于工业固体废物全生命周期的数字化管理模式,最大限度把控一般工业固体废物流向,促进源头减量、提升循环利用效率(图5-13~图5-15)。

(1)一规完善分类

根据辖区产业特点,制定北京经开区一般工业固体废物分类名录,并根据产业发展和企业需求按年度进行动态调整。

(2)一网数据尽统

北京经开区在政务云上部署建设工业固体废物信息管理平台,同步搭建了手机APP和网页云服务两种应用场景,可提供多年数据累计统计和对比分析服务。企业可根据自身数据,通过工艺改进、精细管理和减量工程实施工业固体

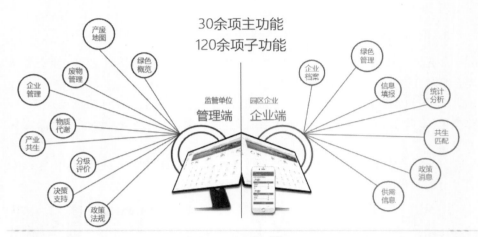

图 5-13　平台功能介绍

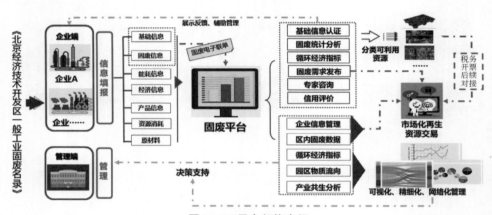

图 5-14　平台架构介绍

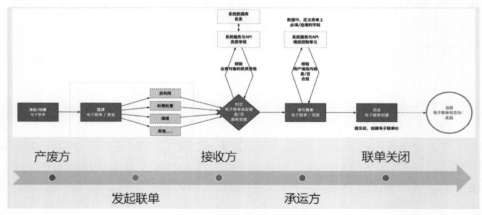

图 5-15　联单管理、全程管控

废物的源头减量。

（3）一单全程跟踪

系统将产废单位、运输单位、综合利用单位及最终处置单位全部纳入统计平台。产废企业可根据自身生产周期，随时发起工业固体废物转运联单，在说明产废种类、质量等信息后，即可通过平台向运输单位提出转运要求，由资源利用单位或处置单位接收工业固体废物后关闭联单。2020 年下半年北京经开区通过电子联单转移工业固体废物近 $5×10^4$ t，占全区年转移量的 1/4，企业反馈工业固体废物积压、无处可转等问题得到了一定程度缓解，平台试运行状况良好。目前，利用联单制实现对一般工业固体废物全生命周期管理的目的已初步实现。

（4）一键资源匹配

工业固体废物信息管理平台上搭建了工业固体废物资源交易信息对接渠道，产废企业和回收企业可以根据固体废物产生情况和市场需求在平台上发布供求信息，通过平台的交易匹配功能，实现固体废物资源的一键匹配。

（5）一表分级评价

工业固体废物信息管理平台系统引入了"一表分级评价"机制，通过对产废企业和回收利用企业进行线上数据填报和线下固体废物管理的双重评价，对企业的相关信用予以评级，将平台系统对于企业的服务功能发挥到实处。

5.2.2 温州市：系统化创新推动小微危废收运体系建设

1. 主要做法[52]

1）厘清定位明确目标，统一思想认识

（1）确立一个目标

以第二次全国污染源普查数据为基础，全面梳理汇总涉废企业，纳入小微危废统一收运体系，实现"全告知、全纳网、全收运"。

（2）明确三个定位

一是改革试点，是为解决小微危废收集难、处置难问题推进的一项改革任务，必须真正解决问题；二是特许经营，原则上各地 1 家收运单位 1 个场地，严格服从统一管理要求；三是"环保管家"，收运单位要充分发挥"环保管家"效用，对量大面广的产废企业做好规范化管理服务与环境安全指导。

2）全面规范统一要求，制定管理导则

（1）注重顶层设计，突出建章立制

研究制定《温州市小微危废收运体系建设试点管理导则》，坚持"保本微利"，温州市小微危废收运体系标准成为浙江省生态环境系统首批省级标准化试点项目之一。

(2) 提倡“十”项服务

提供一站式服务,协助小微产废企业认真落实危废规范化管理相关工作,包括工业危险废物申报、转移联单填报、规范危险废物厂内暂存、规范标签标识等10项核心服务,起到指导帮扶和协同管理的作用。

3) 全面排查应纳尽纳,推进体系建设

深入推进小微危废收运体系建设,全面排查,系统梳理涉危企业,纳入小微危废统一收运体系。“全告知”——发放18120份《温州市危险废物产生企业告知书》(图5-16),明确产废企业责任与义务。“全纳网”——建成投用14个统一收运场地,建立全覆盖全市的小微危废统一收运单位网络体系。“全收运”——督导收运单位不断加强服务力度和服务质量,结合存量危废“动态清零”行动,做好小微产废企业收运工作,每年至少清运一次。

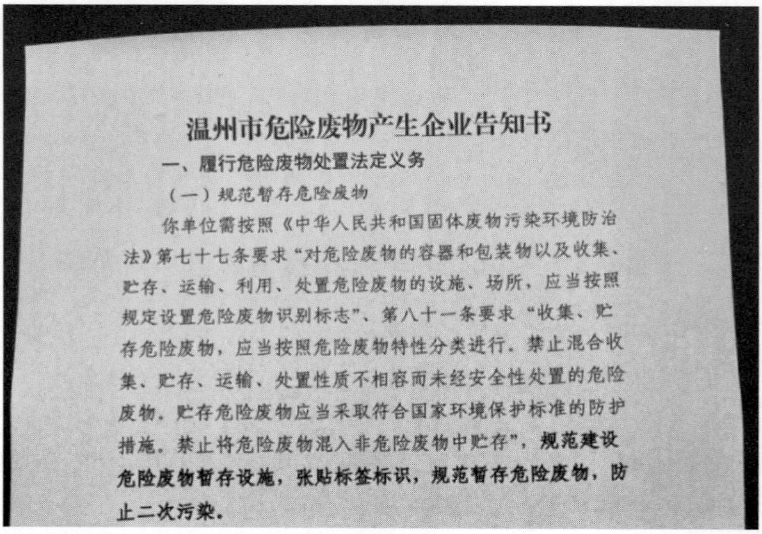

温州市危险废物产生企业告知书

一、履行危险废物处置法定义务

(一)规范暂存危险废物

你单位需按照《中华人民共和国固体废物污染环境防治法》第七十七条要求“对危险废物的容器和包装物以及收集、贮存、运输、利用、处置危险废物的设施、场所,应当按照规定设置危险废物识别标志”、第八十一条要求“收集、贮存危险废物,应当按照危险废物特性分类进行。禁止混合收集、贮存、运输、处置性质不相容而未经安全性处置的危险废物。贮存危险废物应当采取符合国家环境保护标准的防护措施。禁止将危险废物混入非危险废物中贮存”,**规范建设危险废物暂存设施,张贴标签标识,规范暂存危险废物,防止二次污染。**

图5-16 温州市危险废物产生企业告知书

4) 创新监管强化保障,确保收运实效

系统谋划创新举措,日常管理与执法倒逼并进,督导收运单位规范运营,确保收运体系稳定运行:①开展积分制评估,评估考核结果作为收运单位整治与取缔退出的依据;②打造智能化平台,实现产废企业-收运单位-处置单位的信息化闭环管理;③推行服务后收费,采用“统一收费、分期到账”方式;④实施惠企性政策,降低小微危废收运成本,提升危废转运率;⑤筹建自治型协会;⑥强化全覆盖督导。温州市小微危废统一收运云平台如图5-17所示。

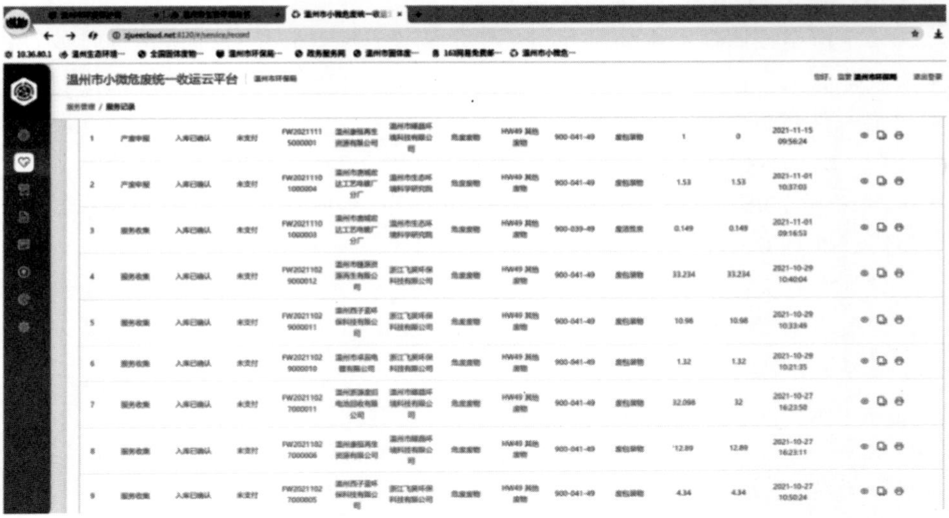

图 5-17 温州市小微危废统一收运云平台截图

2. 取得成效

2021 年,温州市纳网小微产废企业数达到 16823 家,转移处置危废 16223 t,提前半年并超额完成省定 7351 家任务,全省力度最大。

5.2.3 嘉兴:探索小微收集平台规范建设运营模式

1. 基本情况

2019 年,嘉兴市生态环境局率先创新思路,从"全方位、全过程、全覆盖"三个维度探索建立运营模式、服务模式、监管模式,取得一定成效。

2. 主要做法

1)创新"五统一"流程,建立小微收集平台规范建设运营模式

(1)统一经营管理

按照"属地为主,方便收集"的原则统一谋划全市小微收集平台建设规划,确定布设 7 个小微收集平台覆盖全域。

(2)统一审批流程

严格按照《危险废物经营许可证管理办法》申领程序报批,并由属地县级人民政府出具书面意见,进一步强化属地监管责任。

（3）统一建设标准

要求严格按照危险废物贮存相关规定建设；废气收集处理后达标排放，渗滤液规范收集后按危险废物处置；要求贮存场所建筑外观统一装饰，各类标志标识统一张贴。

（4）统一运行规程

出台《嘉兴市小微产废企业危险废物统一收集试点工作实施方案（试行）》（嘉环发〔2019〕79号）。

（5）统一监管方式

研发智慧"城市末端"云管理系统，建立小微收集平台全流程管理体系，制定了一站式解决方案。

2）提供增值业务，构建危险废物环保管家服务模式

提供一系列危险废物管理相关制度咨询与相关业务培训，加强现场指导，指导安全转运，深化协调合作，统一调配转运处置资源，明确危险废物处置去向。

3）开发智慧平台，建立危险废物数字系统监管模式

通过规范产废端、跟踪运输端、监管处置端和全程可闭环，解决小微产废企业危险废物产量少、无处置单位收集等问题，实现产废源—物流端—处置端的全流程覆盖、全时段监控和链条式追溯。

3. 取得成效

小微平台的建立得到了小微企业的认可，打破了小微产废企业危险废物"自寻出路、分别转运"的传统局面，做到"集聚小散、统一收集、应收尽收"，取得了社会效益和经济效益的双赢，构建了从企业自主纳入、管家规范指导、多方合作协调、安全转移处置的全过程危废管理流程，是全省乃至全国小微产废企业收集试点工作中极具特色的"嘉兴模式"。

5.2.4 磐安县：构建汽修行业危险废物全品类收储平台

1. 基本情况[53]

金华市磐安县约有各类汽车10万辆，每年产生150 t废机油、2万组废电瓶、100 t机油滤芯等危险废物。针对汽修企业危险废物产量小、处置难、管理不规范等问题，该县探索形成了政企合作构建汽车行业危险废物全品类收储平台的模式，有效解决了磐安县汽修行业危险废物处置难、处置乱问题，实现了汽修行业危险废物收运全覆盖。

2. 主要做法

（1）创新模式，建成全品类收储平台

通过公开招募方式引进了第三方技术开发单位承担全县汽修行业危险废物统一收储项目，建设了年收集能力 15000 t 汽车行业危险废物的项目，涵盖废机油、废电瓶、废机油滤芯、废机油壶、废油漆桶、油漆渣、废活性炭等汽车行业涉及的全品类危废。

（2）政企合作，推动意识水平双提升

一方面，金华市生态环境局联合多部门开展危险废物管理培训会，全面提升磐安县汽修行业从业人员的生态环境保护意识和管理能力。另一方面，委托第三方技术开发单位指导汽修企业规范危险废物收集暂存、危险废物贮存仓库建设等工作。

（3）整合资源，全面实现数字化监管

全力推进汽修行业全品类收储平台建设，强化浙江省固废管理信息平台运用，指导全县 116 家汽修企业完成在线注册和使用，整合浙江省固废管理平台和统一收储平台资源，实现汽修行业危险废物产生、贮存、处置情况全过程数字化的闭环管理，有效解决磐安县汽修行业危险废物处置难、处置乱、管理混乱问题。

3. 取得成效

截至 2021 年 12 月底，磐安县已完成汽修行业全品类收储平台建设，第三方技术开发单位已与全县 116 家汽修企业签订了危险废物管理服务协议，对磐安县汽修行业实现 100% 全覆盖，累计收集汽修行业危险废物 196.57 t，转运处置 169.27 t，保障了磐安生态环境质量，突出了全域"无废城市"建设成果。

5.2.5 嘉兴市南湖区：打造"无废实验室"推进检验检测机构废物规范回收

1. 基本情况[54]

嘉兴市南湖区作为国家检验检测高技术服务业集聚区（嘉兴分区）的重要板块，加强实验室废物的处置与管理，既是消除环境安全隐患的重要手段，也是建设美丽浙江的必然要求。按照南湖区"无废城市"建设工作要求，打造"无废实验室"，全力推进检验检测机构废物规范回收。

2．主要做法

（1）联合发文，从制度层面规范检验机构废物统一收运处置

嘉兴市生态环境局南湖分局牵头制定《南湖区实验室废物统一收运处置方案》，并联合南湖区教育体育局、区科学技术局、区卫生健康局和区市场监督管理局下发《关于印发南湖区实验室废物统一收运处置方案的通知》（南环〔2022〕36号），督促实验检验检测机构强化源头管理、落实"三化"措施、完善分类收集贮存并纳入统一收运体系按需及时清运。

（2）排查指导，从现场指导检查过程中规范实验室固废管理

实地排查指导检验检测机构按规定规范暂存、处置危险废物，要求所有检验检测机构均在全国固体废物和化学品管理信息系统中注册登记，督促辖区内检验检测机构建立产废实验室清单、产废种类清单、产废数量清单"三张清单"，目前全区26家检验检测机构已全部与平台签约实行统一收运。

（3）树立标杆，打造"无废实验室"促进实验废物规范回收

以"无废细胞"创建工作为契机，对辖区检验检测机构实验室开展规范化提升。在专业机构的指导下，实验室设置符合安全、环保标准的专门场所，按普通有机类、普通无机类、剧毒废试剂类等七分法进行分类存放、统一处置，并落实安全管控和监控管理相关措施（图5-18）。同时组织"无废实验室"创建评比，创新建立评价机制。

图 5-18　收集转运的实验室废物

3．取得成效

嘉兴求源检测技术有限公司、中科检测技术服务（嘉兴）有限公司、浙江新鸿检测技术有限公司、嘉兴中一检测研究院有限公司、浙江恒特工程质量检测有限公司五家被评选为"无废实验室"，为全区检验检测机构废物规范回收工作树立样板。

5.2.6　义乌市："部门联动"的实验室废物集中收运模式

1．基本情况[55]

义乌市涉及实验室废物的学校较多，量大面广，管理处置水平参差不齐，是学校安全环保的重大危险源。从 2021 年起，义乌市积极谋划，完善实验室废物前端收集、中端转运、末端处置流程，实现了实验室废物收运体系全覆盖。

2．主要做法

（1）强化引导，责任压实到位

金华市生态环境保护局义乌分局联合义乌市教育局，对全市产生实验室废物的中小学校开展《固废法》宣贯，压紧压实产废单位实验室废物管理主体责任，全面推行教育机构实验室废物专管员制度，组织开展实验室废物规范化管理培训。

（2）统一部署，签约落实到位

推动建立教育机构实验室废物统一收运体系建设。多次召开实验室废物收运处置工作协调会，积极对接小微产废企业危险废物集中收集单位（义乌市安宏环保科技有限公司，简称义乌安宏），协商实验室废物处置相关事宜。

3．取得成效

2021 年 3 月，组织义乌市 37 所涉及实验室废物的学校，统一与义乌安宏签订了实验室废物委托收运合同。至此，义乌市教育机构实验室废物统一收运体系实现 100％全覆盖。

5.3　危险废物资源化管理模式

5.3.1　佛山市：以铝灰渣资源化为特色的区域危险废物管理模式

1．基本情况[56]

佛山是广东省铝材加工企业的集中地之一，产能约占全省的 65％。佛山涉铝灰渣产生的铝材加工企业约 150 家,年产铝灰渣约 10^5 t。2021 年 1 月 1 日起,铝灰被最新《国家危险废物名录》确定为危险废物,一时间铝灰的合法规范处置成为全国整个铝行业的头等大事。为解决铝加工企业铝灰渣出路难等问题,佛山确立疏堵结合、破旧立新的铝灰渣处置路径,通过长短结合、扩能限价,提升铝灰渣处置能力,降低企业处置成本。

2. 主要做法

(1) 建铝灰渣资源化利用项目,降低企业处置成本

支持鼓励铝加工企业上马提铝工序,从源头上减少铝灰渣产生,启动铝灰渣应急处置,保证铝灰渣总体处置出路畅通、价格稳定。从 2021 年到 2022 年上半年,全市共应急处置铝灰渣约 1.3×10^5 t。2021 年 8 月,全市规划确定了 4 个铝灰渣资源化利用项目(图 5-19),合计处置能力为 1.8×10^5 t/a。

图 5-19 铝灰渣无害化处理后被制作成隔音板和透水砖

(2) 补足基础设施短板,固废处置能力跨越式增长

大力建设固废环保设施,在全省率先探索构建危险废物收集贮存第三方治理模式,依托广东省固体废物管理信息平台,督促企业严格落实危险废物申报登记、转移联单等各项管理制度。有效补齐了全市环保基础设施的短板,解决了产废企业尤其是中小微企业危废处置难、处置贵的"老大难"问题,确保医疗废物"日产日清"。

(3) 构建试点指标体系,高质量推进"无废城市"创建

《佛山市"无废城市"建设试点实施方案》提出,佛山将探索开展具有区域特色的"无废城市"创建,设置 58 项指标,其中 7 项佛山特色指标,全面推进"无废城市"建设。不仅如此,佛山还将完善制度、技术、市场和监管固体废物环境管理"四大体系"建设,提升系统化支撑能力。推进产学研融合,构建固体废物减

量化、资源化及无害化技术创新体系。

3. 取得成效

2021 年 8 月,佛山规划确定 4 个铝灰渣资源化利用项目,处置能力为 1.8×10^5 t/a。目前,佛山已有 3 家铝灰渣利用处置单位持有危险废物经营许可证。此外,2021 年以来,佛山共应急处置铝灰渣约 1.3×10^5 t。不仅仅是铝灰渣的处置再利用,数据显示,与 2018 年相比,佛山市危险废物处理处置能力从 1.16×10^5 t/a 增至约 6.6×10^5 t/a,医疗废物焚烧处置能力从 15 t/d 增至 40 t/d(另有 20 t/d 为高温蒸煮)。

4. 推广应用条件

该模式适用于油田矿区石油天然气开采、原油产品的预处理及含油污水处理等过程产生固废的监督管理、利用、处置,实现"绿色作业、源头控制"。

5.3.2 湖州市德清县:以"生态除磷"实现危险废物减量化的区域危险废物管理模式

1. 基本情况[57]

德清县钢材深加工企业众多,主要分布在钟管、雷甸一带。高温钢坯经热轧后表面生成氧化皮(俗称"鳞"),后续深加工必须除鳞。德清县每年约有 1.5×10^5 t 热轧带钢需要化学酸洗除鳞,废酸产生量约为 1×10^4 t、表面处理废物约为 1500 t,占全县全年危废产生量的 25%。

2. 主要做法

(1)聚焦产业,培育危废减量项目

德清县挖掘培育优质潜力企业,结合行业特点和水运码头优势,历经 6 年,投入 2 亿多研发资金,指导攻克无酸除鳞技术难关,突破技术转化规模化、工业化难题,打造热轧钢材生态除鳞项目(图 5-20)。

(2)革新技术,引领产业绿色发展

加大绿色环保除磷技术研发力度,首创柔性刷磨材料,采用物理刷磨除鳞的方法,建成国内外首条 MEC-7.5 热轧不锈钢盘条无酸处理机组,被浙江省经济和信息化厅认定为 2021 年浙江国际首台套设备(全省仅三家),实现智能控制、无人操作和连续运行,填补了国内外生态除鳞技术的空白(图 5-21)。该技术获得 2 项国外专利、12 项发明专利,同时制定了《MEC 处理热轧钢板及钢带

图 5-20　热轧钢材生态除鳞项目

图 5-21　经无酸除鳞机械去除处理的钢材

一般要求》等 8 个团体标准。

无酸除鳞机械去除的钢材表面氧化皮可直接回收利用,冲洗水过滤后循环使用。机组的除鳞钢种做到全覆盖,除鳞质量、效率均优于传统化学酸洗。同时除鳞成本可降低约 30%,全面实现工业废酸"零产生",促进钢材深加工行业低碳升级绿色转型,助力"碳达峰、碳中和"目标实现。

（3）成果共享,促进技术转化推广

为促进全县域钢材深加工行业绿色高质量发展,推广成果应用,德清县采取"政府搭台、企业共享"的模式,于 2022 年 5 月在钟管镇成立了德清县热轧钢材生态除鳞共享中心。该中心目前拥有 3 条机组,可加工盘条、卷条、带钢等钢材,年加工能力达 $4×10^5$ t。其中,MEC-450 热轧带钢生态除鳞机组专门针对德清县产业结构研发,集中承接全县热轧带钢表面处理,年加工 $1.5×10^5$ t,可为全县从源头上每年减少危废约 1.2×10^4 t。

3. 取得成效

截至目前,已有 23 家企业来料加工,3 条机组日实际处理规模约为 500 t。无酸机械除鳞技术在德清得到成果转化应用,热轧钢材表面氧化物处理的企业实现了降本、提值、增效,工业废酸源头减量也为德清县的"无废城市"建设添砖加瓦。

5.3.3 兰溪市:构建工业废盐资源化利用体系

1. 基本情况[58]

拓宽工业废盐资源化利用渠道,加快提升综合协同治理能力,到 2025 年控制填埋占比,实现"趋零填埋",是全域"无废城市"建设中重要的一环。兰溪市强化政企协作、破解技术难题、提升经济效益,在工业废盐综合利用领域取得关键性突破,不仅是深入推进"无废城市"建设的重要成果,也为省内乃至国内提供了经验样板。

2. 主要做法

(1)强化政企协作,探索废盐利用新出路

为破解工业废盐资源化利用难题,兰溪市引导自立环保公司强化创新发展,不断优化生产工艺,努力拓展项目延伸(图 5-22)。兰溪市邀请行业专家对企业进行专题指导,深化企业与科研院所的合作研究,解决省内工业废盐出路难的问题。

图 5-22　自立环保公司工业废盐资源化利用项目

（2）破解技术难题，省内首创废盐资源化利用技术

自立环保采用的是"低温无氧热解-杂盐精制工艺"（图 5-23），该技术将高氯废盐去除有机物后，分离提纯得到工业盐等产品。通过多级处理，可将去除率提升至 99.99%，有效去除工业废盐中的有机物、重金属等有毒有害物质。同时，工业废盐中的有机物在分解时，生成的可燃气体可作为二燃室中的助燃剂，有效降低了天然气用量，高度契合碳中和背景下再生资源属性，实现吃干榨尽式综合利用，切实推进绿色治理。且较传统填埋方式，采取该资源化利用方式，工业废盐产出单位每吨可节省处置费约 500 元。

图 5-23　"低温无氧热解—杂盐精制工艺"设备

（3）提升经济效益，推动废盐产业链良性循环

通过该工艺产生的再生盐副产，经检测完全符合《中华人民共和国固体污染防治法》中不会危害公众健康和生态安全的资源化利用再生产品的要求，且与传统工业盐产品相比，含量明显优于《工业盐》（GB/T 5462—2003）国家标准（氯化钠≥99.9%），可用于印染、融雪剂制造等行业。项目自投产以来，已资源化利用工业废盐 12185 t，产出再生盐 8898 t，融雪剂 4965 t，具有良好的经济效益。

3. 取得成效

该工业废盐资源化利用项目的落地，不仅有效改变了单纯依赖填埋的处置方式，更加速推进了危险废物"趋零填埋"工作进展，助力全域"无废城市"建设工作。

5.3.4　衢州市：打造废盐资源化利用"四大模式"

1. 基本情况[59]

衢州市把产业优势转化为产业胜势，在氟硅、氯碱、水泥等行业构建废盐资

源化利用产业链,成功打造废盐制离子膜烧碱、水洗＋水泥窑协同处置、焚烧＋副产酸提取＋余热利用、一物一单元可回取填埋"四大模式",为全省高盐废物全过程资源化利用提供新样板、新示范。

2. 主要做法

(1)模式一:废盐制离子膜烧碱

衢州市依托巨化集团、智造新城高新产业园,在上下游企业间建立产盐用盐资源化利用产业链,实现工业园区内废盐循环化利用。产盐企业通过去除杂质和 MVR 蒸发结晶产生副产盐,达到用盐企业原材料标准,代替部分工业盐制碱。目前,衢州智造新城主要产盐企业豪邦化工和主要氯碱生产企业巨化电化厂已经建立废盐制离子膜烧碱的点对点废盐综合利用模式(图 5-24),可年处理废盐 10^5 t。

图 5-24　离子膜烧碱生产线

(2)模式二:水洗＋水泥窑协同处置

近年来,衢州市成功打造飞灰水洗＋水泥窑协同处置的资源化利用新模式。经水洗后的飞灰,氯离子降至水泥窑入窑物料标准,作为水泥原料页岩的替代物并得到充分资源化利用;水洗产生的废水,通过蒸发结晶提取副产钠盐和副产钾盐,用于下游化工企业生产原料。目前,衢州已建成生活垃圾飞灰水洗资源化利用项目 2 个,年处理能力 $1.5×10^5$ t,提前实现飞灰"零填埋"。

(3)模式三:焚烧＋副产酸提取＋余热利用

引导废盐产生大户应用废盐利用新工艺。该模式主要采用流化床焚烧炉工艺,对烟气进行余热利用并回收副产盐酸和氢氟酸,既能实现废盐的最大资源化,又无新的盐泥、母液等难处理的新危险废物产生(图 5-25)。

(4)模式四:一物一单元可回取填埋

按照分类填埋、精准管理、高效回收、再生利用的填埋新理念,建立了一物

图 5-25　焚烧＋副产酸提取＋余热利用模式生产线

一单元、可填可取的填埋新模式（图 5-26）。每一个填埋单位只填埋一个类别的危险废物，待该类危险废物利用技术成熟后实行回取利用，在最大限度提高填埋场使用效率的同时，又最大程度实现危险废物的资源化利用。

图 5-26　一物一单元填埋模式

5.3.5　安吉县：探索废活性炭循环再生之路，协同产业低碳发展

1.　基本情况[60]

作为中国椅业之乡的安吉县，家具及配件制造产业链完整，企业集聚。面对危废处置项目申报难、落地难、扩容难的形势，通过技术革新，安吉县建成了

首家废活性炭脱附再生处置中心。通过政企协作,将全国首创的蜂窝活性炭活化再生技术运用于危废处置项目,为全域"无废城市"建设提供典型的"绿色共富"样板。

2. 主要做法

（1）围绕特色产业发掘危废减量化、资源化项目

2021年年初,一期7000 t/a废活性炭再生处置项目(图5-27)投入运行后,上万吨废活性炭通过高温炉窑活化技术获得再生,以资源化途径实现了"变废为宝"。一块废活性炭通过再生,至少可重复使用三次,改变了以往用一次就"一烧而尽"的处置模式,实现了危废倍量级的减量化和资源化。

图 5-27 一期 7000 t/a 废活性炭再生处置项目

（2）注重技术服务,削减行业环境治理成本

废活性炭再生中心以"回收再生＋管家服务＋技术培训"创新模式,为企业提供预警、换装、清理、运输、脱附及危废申报等全链条服务。该项技术契合安吉绿色家居产业发展,符合固体废物治理"三化"要求,同时大幅降低了环境治理成本,极具经济效益和社会效益。

3. 取得成效

在保障炭的吸附值和更换周期的情况下,活性炭吸附技术可以说是目前性价比最高的VOCs治理技术,容易推广,市场占有量大,安吉县80%以上废气治理设施采用活性炭吸附。每年大量废活性炭通过再生技术后资源化利用,可大大减少二氧化碳的排放,同时相应减少制作活性炭的植物、能源的消耗。

5.4 危险废物综合处置与智慧管理模式

5.4.1 金华市武义县:"全生命周期管理＋全健康系统处置"助推危废处置

1. 基本情况[61]

2021 年武义全县产生危废 7 万余吨,通过实行末端处置无害化、数字监管智慧化、运作过程统筹化的全生命周期管理制度,打造危废焚烧处置线、资源化利用线、循环经济项目的全健康系统,构建"两全体系"助推全县危废从摇篮到坟墓实现零废弃、零事故、零污染,2021 年武义县危废处置利用率达 96％。

2. 主要做法

(1)全生命周期管理

项目集收运、贮存、焚烧、综合利用为一体,建成一条含重金属固体废物资源化回收生产线,建成一套具有国内领先水平的危险废物焚烧系统,基本满足全县范围内危废处置需求。

通过构建工业固废处置信息化监管平台(图 5-28),归集企业产废种类、数量、流向、贮存、处置等数据,实现管理台账、转移联单电子化,源头申报-镇街审核-部门确认-集中收运全链条管理,形成产废"一本账",目前武义固废一件事覆盖率达 100％。

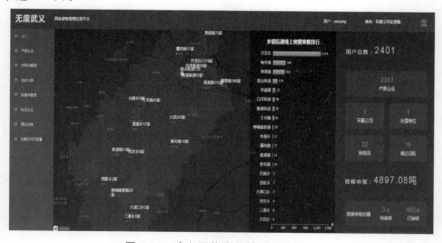

图 5-28　武义固体废物管理信息平台

项目拥有一套完善的神经中枢系统——DCS中控室(图5-29),采用集散自动控制技术。自动化控制系统覆盖整条焚烧处置线,实现对焚烧线工艺过程参数的监控和联锁保护,使整个危废焚烧系统协调运转,达到安全、稳定、达标、长周期、高收益目标。

图 5-29 DCS 中控室

(2)全健康系统处置

全健康系统处置包括危废焚烧处置生产线(图5-30)、含重金属废物资源化

图 5-30 危废焚烧处置生产线

利用线(图 5-31)和清洁生产与循环经济项目(图 5-32)。其中,危废焚烧处置生产线采用"回转窑＋二燃室"组合对危险废物进行焚烧处置;含重金属废物资源化利用线采用火法提取工艺对各类含重金属废物进行资源化回收利用;清洁生产与循环经济项目采用先进清洁生产技术和工艺,回收烟气余热,提高能源利用率,降低电、水资源的消耗。

图 5-31　含重金属废物资源化利用线

图 5-32　清洁生产与循环经济项目

3. 取得成效

浙江育隆工业资源生态循环项目投入运行,有助于武义全域实现危险废物的减量化、资源化和无害化处置,对优化产业配套的营商环境,建设可持续发展的生态环境,改善居民居住的生活环境具有里程碑意义。

5.4.2　威海市："海陆一体化"危废综合处置模式

1. 基本情况

成山头水域作为我国南北海上物流通道的支点,是"渤海之门"、威海"海洋环保之眼"、海上"避风之所"。成山头水域通航环境复杂,海上船舶外源性污染防治压力大,是监管重点也是特色亮点。威海市以成山头设备库为依托,海事、环保等部门共同推进成山头"海陆一体化"污染处置设备库建设,强化海陆一体化联合处置,实现海洋污染海陆共治。

2. 主要做法

（1）健全管理制度

出台《威海市危险废物管理办法》,将医疗废物、机动车及船舶制造维修、上岸船舶危险废物、实验室危险废物等社会源危险废物纳入管理范围,并明确各相关方在危险废物产生、处理处置等各个环节的责任、权利和义务。

（2）严格监督管理

强化日常监督管理,开展专项行动,全面开展危险废物排查,将危险废物规范化管理工作作为环境监察的重要部分,纳入日常环境监察之中。

（3）推动源头减量

推动企业改进工艺设备,鼓励企业从源头减量、加大回收利用力度;严格环境准入,实施强制性清洁生产审核;加大对科技研发的支持力度,鼓励单位和个人在危险废物减量化、资源化、无害化等方面开展技术开发和推广应用。

（4）加强能力建设

完善危险废物收运体系,提升危险废物处置能力。建成威海市海陆一体固体废物处置中心项目(图 5-33 和图 5-34),新增危险废物利用处置能力 1.37×10^5 t/a,大大提升了威海市危险废物处置利用能力,实现威海市所有类别工业危险废物规范化处置。

提升危险废物信息化监管能力,建设了危险废物智慧化监管平台,实现对危险废物产生、贮存、运输、处置管理各环节的全过程闭环智慧监管(图 5-35 和图 5-36)。

3. 取得成效

实现危险废物全流程规范管理,2020 年威海市危险废物规范化管理抽查合格率达 100%。完成威海市环保海陆一体固废综合处置中心项目建设,新增危

图 5-33 威海市海陆一体固体废物处置中心项目

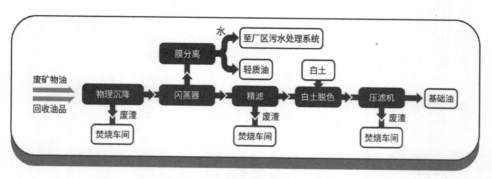

图 5-34 海陆一体固体废物处置中心项目废油回收工艺[62]

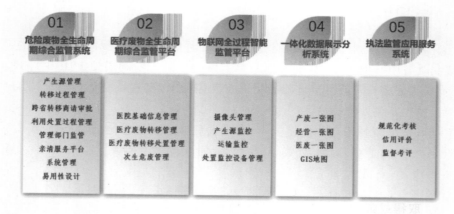

图 5-35 威海市危险废物全过程闭环智慧监管平台内容展示

图 5-36　威海市危险废物监管平台一体化数据展示分析系统图

险废物处置能力 1.37×10^5 t/a,威海市所有类别工业危险废物实现规范化处置。

4. 推广应用条件

适用于船舶危险废物回收困难、有船舶含油污水和废矿物油回收需求的城市。

5.4.3　舟山市：海陆联动模式管理船舶污染物

1. 基本情况[63]

舟山市普陀区位于舟山本岛东端,岸线资源丰富,船舶修造业是普陀历史悠久的传统产业之一,业内评价"世界修船看中国、中国修船看舟山、舟山修船看普陀"。船舶清仓、修造等有关作业活动会产生大量的船舶污染物,包括船舶残油(油泥)、含油污水等。普陀区牵住船舶修造行业这个工业固废利用处置的"牛鼻子",在创建全域"无废城市"过程中,着力凸显海洋经济特色,坚持"创新、协调、绿色、开放、共享"的新发展理念,全区域、全行业、全方位推进固体废物污染防治工作。

2. 主要做法

1)夯实制度保障,引领船舶修造业绿色发展

普陀区出台《船舶修造企业绿色工厂实施指南》《舟山市港口船舶水污染物接收、转运、处置联单及联合监管制度》(舟政办发〔2019〕100号)和《船舶工业高

质量发展三年行动计划》等,构建了船舶污染物海陆联动监管和闭环管理体系,促进企业生产过程向绿色化转变。

2)共做"掌舵人",多部门协同共推共建

(1)淘汰落后产能

多部门联合对"低散乱"船舶修造企业进行整治,通过深化"亩均论英雄"工作,倒逼低效企业转型和落后过剩产能退出。

(2)规范企业运营。

(3)做好财政保障。

(4)开发舟山市船舶水污染物信息化监管平台。

实现船舶水污染物的在线填报、监管部门信息共享。油泥等危险废物转运处置同步纳入省固体废物监管信息系统管理,实现数据的实时比对。2020年共转移处置含油污水约 2×10^5 t,油泥约 2×10^4 t。

3)筑牢"压舱石",以创新助力源头减量

普陀区以推进绿色修船为载体,以创新技术实现源头减量。此外,舟山中远计划试验应用大包装涂料,重点对油漆涂布率、施工效率、油漆桶减量化等方面做好数据统计收集,从而优化喷涂工艺,从源头有效减少危险废油漆桶的产生量,从而降低环境风险。

4)把准"方向盘",以特色构建发展模式

推进绿色修船技术攻关构建新型发展模式,加快推动修船业绿色化、智能化、高端化发展。已有13家企业被评为"绿色修船企业",4家企业被评为"绿色修船示范企业"。2020年7月"绿色船舶修理企业规范管理"成功入选国务院自由贸易试验区第六批改革试点经验,下步将向全国复制推广。

3. 取得成效

通过多种措施,普陀区牢牢抓住海洋经济特色,多部门多层次推进固体废物污染防治工作,为全省乃至全国船舶修造行业固体废物全过程闭环综合管理提供"无废普陀"新模式。

5.4.4 危险废物智慧管理模式

1. 基本情况

2020年12月30日,深圳市生态环境局联合深圳排放权交易所举办深圳危险废物处置交易平台上线仪式。深圳危险废物处置交易平台将覆盖深圳1万余家危险废物相关企业,可为企业提供签约、检测、支付"一站式"线上服务,切实协助企业降本增效,服务企业成长,系统推进危险废物处置管理。

深圳危险废物处置交易平台(以下简称平台)致力打造危废领域的"天猫商城",以单品类危险废物为交易品种,为企业提供签约、检测、支付的一站式线上服务,实现报价透明化、签约便捷化、结算高效化、融资多样化,全方位满足企业需求,切实协助企业降本增效,服务企业成长。

2. 主要做法[64]

危险废物处置交易主要有 4 个环节,环节一:产废企业"创建订单";环节二:经营单位"订单预确认";环节三:产废企业"订单信息确认";环节四:产废及经营单位双方完成"订单签署",如图 5-37 所示。

通过该交易平台,可实现以下功能:

(1)智能推荐助决策

平台综合企业信息,根据"经营单位综合能力强、签约数量少"的原则,为产废单位匹配最优的处置组合。产废单位可根据处置报价、服务评价等因素,自行选择合适的经营单位。

(2)电子签约更便捷

平台为交易主体提供电子合同签署服务,基于合同模板和交易双方需求,自动生成电子合同文件、提供具有法律效力的电子印章,实现交易签约电子化。

(3)金融服务利融资

平台立足危险废物处置交易现状,积极对接金融机构,提供多样化、定制化的绿色金融产品与服务,满足产废单位与经营单位的融资需求。

(4)统计预警促高效

平台通过分析经营单位的已签约处置能力,帮助企业实时记录处置能力变化情况,并提供预警信号。同时,通过跟踪产废单位的产废计划及未签约情况,助推企业实现产废计划的高效管理。

(5)信用评价保权益

平台已建立一套完善的信用评价机制,全面评估交易主体的履约情况,监督企业诚信履约,并将信用评价结果反映在交易对手方选择页面,辅助交易主体优化交易选择,保障企业交易权益。

3. 取得成效

深圳危险废物处置交易平台上线是深圳生态环境部门优化营商环境及服务企业降本增效的创新举措,也是深圳积极探索"无废城市"建设取得的新成果。深圳危险废物处置交易平台以服务企业为导向,直击危险废物市场价格信

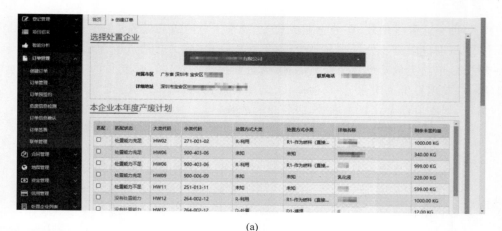

(a)

(b)

(c)

图 5-37　危险废物处置交易流程

（a）创建订单；（b）订单预签约；（c）订单确认；（d）订单签署

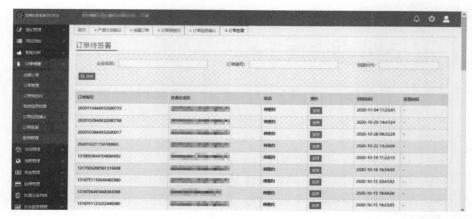

(d)

图 5-37 (续)

息不透明、产废单位议价能力弱、经营单位营运成本高等痛点,可以为危险废物相关企业提供智能高效、公开透明、安全便捷的服务。该平台上线有利于构建统一开放、竞争有序的危险废物交易线上新体系,促进深圳危险废物处置交易市场健康、规范、可持续发展。

(1) 全程线上化,全景呈现,消除信息壁垒

对于产废单位而言,线上危险废物处置交易将改变以往视域受限困局。平台将全景呈现有相应处置能力的经营单位,拓宽产废单位选择范围,消除信息壁垒,促进危废处置成本合理分配。

(2) 价格透明化,报价公开,攻破议价难题

对于产废单位而言,线上危险废物处置交易将改变以往定价不明困局。公开报价是平台交易的基石,经营单位定价将被透明呈现,攻破议价难题,切实降低危废处置成本。

(3) 支付多样化,高效结算,资金流有保障

对于经营单位而言,线上危险废物处置交易将进一步优化资金流通情况。平台将为产处双方提供多样化的支付服务,交易主体可依据自身实际情况选择支付方式,为交易主体提供智能化的结算保障。

(4) 操作数字化,一键交易,省去繁琐流程

对于产废单位和经营单位双方而言,线上危险废物处置交易将改变以往操作繁琐困局。平台将为交易主体提供全程线上化的交易服务,一键完成交易选择、合同签订、交易支付等操作,简化线下协商流程,实现危废处置交易高效运转。

5.5　社会源危险废物管理模式

5.5.1　重庆市：危险废物跨省转移"白名单"区域联防联控模式

1. 基本情况

重庆市整个试点区域包括主城都市区中心城区 9 个行政区和两江新区、重庆高新区两个开发区，该地区位于长江上游、三峡库区，属于老工业基地，主要包括汽车、电子材料、化医装备制造等。成渝地区双城经济圈"无废城市"共建协议已正式签订，两地建立了危险废物跨省转移"白名单"合作机制和联合执法机制，并延伸至贵州、云南，建立长江经济带上游省市危险废物联防联控机制，"无废城市"区域共建示范引领作用逐步凸显。

2. 主要做法

川渝在全国首创危险废物跨省转移"白名单"制度，实现利用处置能力区域共享，确保环境风险有效管控（图 5-38）。2020 年 4 月，重庆市、四川省签订首个《危险废物跨省市转移"白名单"合作机制》，将废铅蓄电池、废荧光灯管、废线路板 3 类危险废物、川渝两地共 15 家经营单位纳入首批"白名单"（图 5-39），并从五个程序对"白名单"制度进行动态调整、严格管理。

（1）确定"白名单"类别和数量

上年底两地根据各自危险废物利用处置能力和危险废物产生情况，分别提出下年度危险废物经营单位及相应接收危险废物类别和数量"白名单"。

（2）直接审批

双方省级生态环境部门在白名单确定的危险废物类别和数量范围内直接予以审批。

（3）定期交换数据

每年第一季度，双方将上一年度通过"白名单"制度转移危险废物的实际接收、处置情况，以及经营单位环境管理情况相互函告。

（4）严格日常监管

发生严重环境违法行为或利用处置单位不再具备处置能力，以及其他影响危险废物经营活动的情况，应及时函告或者通报对方，立即停止转移和利用处置。

（5）定期会商和调整白名单

双方协商后对纳入危险废物跨省市转移"白名单"制度的危险废物类别和

数量进行调整。每年召开一次联席会议,建立常态化联系机制。

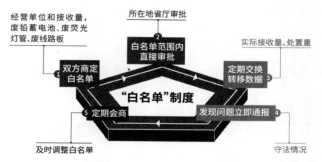

图 5-38　危险废物跨省转移"白名单"区域联防联控模式

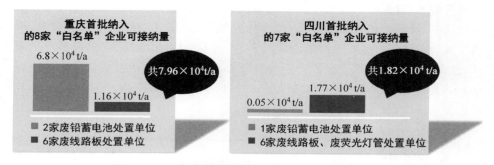

图 5-39　重庆、四川危险废物跨省转移"白名单"概况

3. 取得成效

(1) 简化审批程序,提升工作效率

(2) 实现资源共享,避免重复建设

川渝两地部分产业相似,如含汞废物、贵金属催化剂、电子行业有机溶剂等量小、设施投入高、处置难度大的危险废物,可以公用下游的利用处置资源,避免重复建设。2020 年来,川渝两地完成"白名单"跨省转移审批 1.44×10^5 t,惠及 70 家企业,覆盖城市(区县)40 余个。重庆直接审批 3 件申请转移到四川的废线路板和含汞灯管,共批准转移量 435 t,其中废线路板 400 t,含汞灯管 35 t。重庆市和四川省相互批准转移至对方利用处置的危险废物产生单位 15 家企业执行转移电子联单 54 张,转移量为 2138.90 t。

(3) 就近转移处置,避免远距离运输带来的环境风险

(4) 提升管理水平,促进产业升级

(5) 深化拓展"白名单"制度

2020 年 11 月,川渝滇黔西南四省联合签订《危险废物跨省市转移"白名单"

合作机制》,新增拓展废脱硝催化剂、废矿物油、废有机溶剂、废汞触媒、含铅玻璃 5 类危险废物,涵盖的经营单位增加至 44 家。

4. 推广应用条件

适用于具有可公用的量小、设施投入高、处置难度大的危险废物处置设施的区域或城市。

5.5.2 包头市:社会源危险废物"代管服务"全过程管理模式

1. 基本情况

多年来,包头市一直在社会源危险废物管理方面进行积极试点探索,在工作过程中,发现存在收集不规范、管理随意性大、环境风险意识不强等问题,特别是机动车维修行业和铅蓄电池零售行业。以国家"无废城市"建设试点为契机,包头市率先探索社会源危险废物管理新模式,逐步建立起一套可在全国地市级层面推广、复制的社会源危险废物管理制度模式和经验。包头市 2019 年社会源危险废物产生情况如图 5-40 所示。

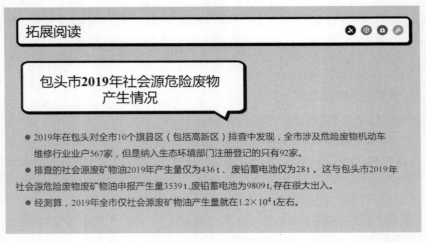

图 5-40 包头市 2019 年社会源危险废物产生情况

2. 主要做法

1)明确社会源危险废物规范化管理制度

(1)明确社会源产废单位的概念。机动车维修企业、蓄电池零售企业被视为危险废物产生单位。

（2）明确社会源危险废物种类。机动车维修行业和蓄电池零售行业产生的废矿物油、废漆渣、废活性炭，以及废铅酸蓄电池、废铅蓄电池中的废铅板、废铅膏和酸液等，都明确为社会源危险废物。

（3）解决小微社会源产废单位实际困难的问题。

（4）建立社会源危险废物管理"黑名单"制度。

2）规范社会源危险废物收集运输体系

鉴于社会源危险废物产生具有点多、面广、种类多样、危险特性复杂等特点，包头市采取"互联网＋"技术收集运输，对收集人员进行统一培训和规范，逐步完善危险废物收集、转移、贮存、处置体系。

3）鼓励危险废物经营单位"代管"服务

鼓励铅蓄电池生产企业、销售单位、零售单位与废铅蓄电池危废经营单位合作，开展收集活动。

4）明确相关管理部门的责任分工

生态环境部门统一监督管理社会源危险废物污染环境防治工作；交通运输部门针对废矿物油、废铅蓄电池等社会源危险废物设立专门贮存点，并列入管理检查范围；市场监督管理部门及时公布铅蓄电池销售单位名单，提供社会监督，并配合开展废铅蓄电池的收集工作；公安部门维护危险废物运输车辆的通行秩序，对无危险货物运输证、无"三防"措施的收集运输车辆进行查处。

为了全面提升包头市工业固废信息化、智能化监管能力，率先在全区启动了工业固废物联网监控平台建设项目（图 5-41），制定出台了《包头市工业固体废物物联网监控平台实施方案（2019—2020 年）》，逐步将全市年产 1.0×10^5 t 一般工业固废和年产 100 t 危险废物等重点固废企业纳入监控系统。通过两年的建设，监控平台已成功接入重点固废企业 86 家，基本实现了全市重点企业工业固废的产生、收集、转移、处置、利用环节的全过程、闭环式监管。随着系统在

图 5-41 内蒙古自治区固体废物管理信息系统

全自治区的推行,包头市所有产生单位在自治区内转移危险废物均通过该系统办理电子转移联单。

3. 取得成效

印发《包头市关于加强机动车维修行业、蓄电池销售行业社会源危险废物收集管理工作的通知》,编制完成《包头市危险废物利用处置规划》,使包头市社会源危险废物的管理有法可依,创新了机动车维修行业、蓄电池零售行业社会源危险废物管理制度。

4. 推广应用条件

适用于机动车维修行业、蓄电池零售行业中社会源危险废物回收困难、回收体系不健全,急需规范社会源危险废物管理的城市。

5.5.3 湖州市长兴县:以开放平台加速铅蓄电池循环利用闭环

1. 基本情况[65]

作为全国铅蓄电池重要生产基地,湖州市长兴县以铅蓄电池生产企业集中收集和跨区域转运制度试点建设为契机,搭建"铅蛋"废铅蓄电池回收综合服务平台(图 5-42),实现废铅蓄电池规范化回收、精准化管理,投售金额近 800 万元。平台全面承接"浙江 e 行在线"相关数据,推动"铅蛋"成为"浙品码"专项全省推广的回收系统,实现经济效益、社会效益和生态效益同步提升,已在全省 10个地市得到推广应用。

2. 主要做法

(1) 数字搭台,推动管理精细化

围绕废铅蓄电池收运主体散、信息对称难、回收效率低等堵点难点,长兴县搭建"铅蛋"危废铅蓄电池回收综合服务平台,串联产废、运力、回收三大重点环节,打造"投、收、运、处"一体化逆向物流闭环。汇集废铅蓄电池产出、回收等相关数据,全方位展示收运场景地图,精准掌控铅蓄电池从源头到终端的全生命周期足迹,形成"来源可查、去向可追、风险可控、责任可究"的智能化监管体系,有效避免乱投乱弃、违法收售等行为。精准匹配各层级主体和资源要素,优化废铅蓄电池收运路线、频次,吸引"零散运力游击队"纳入"运力正规军",既解决非法收集乱象,又创造就业机会。

(2) 数字利民,推动服务多元化

长兴精准分析产废、运力、回收等主体需求,差别化开发"铅蛋"再生资源回

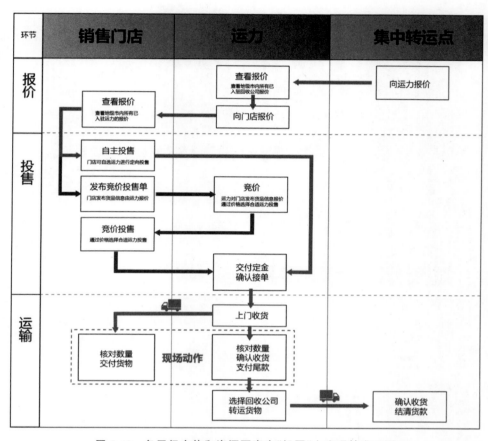

图 5-42 各层级主体和资源要素在"铅蛋"上实现精准匹配

收微信小程序。在产废主体层面,设置"每日报价""我要投售"等服务,实现废铅蓄电池"一键可售";推进投售单、危废处置台账和收集转移凭证"三合一",实现投售程序"减压减负"。在运力主体层面,设置"上游报价""我要转运"等服务,精准匹配废铅蓄电池转运需求,推动收运主体"最多跑一次"。在回收主体层面,设置"回收行情"等服务,实时查看废铅蓄电池处置末端报价,实现行业动态"一屏掌握";集中区域可回收货源,使得回收量更大,经济效益更高(图5-43)。

(3) 数字互通,推动平台开放化

以全省电动自行车综合治理为契机,长兴县深化落实新《固废法》要求的生产者责任延伸制度,全面承接"浙江e行在线"废铅蓄电池待处理数据,延伸"浙品码"数字化追溯链条,为全省非标电动自行车提前淘汰置换工作解决废铅蓄电池、空车架去向问题,当前"铅蛋"已成为"浙品码"专项全省推广的回收系统,

图 5-43　"铅蛋"再生资源回收微信小程序

并在全省 10 个地市推广应用。集成铅蓄电池回收利用、法律法规等相关行业信息,结合《致全县废铅蓄电池收集点的一封信》,引导收集网点主动履行主体责任。开发推出铅蓄电池回收增值税开票服务,规范铅蓄电池运力主体、回收主体开票行为,已提供开票服务 9 次,涉及金额 83 万元。

3. 取得成效

　　"铅蛋"危废铅蓄电池回收综合服务平台已上线产废单位超 4000 家、运力超 180 户、回收公司超 40 家,预计提供就业岗位 2000 余个。

　　自 2021 年 8 月 24 日上线以来,"铅蛋"再生资源回收微信小程序共计投售超 2500 单,累计金额近 800 万元。

5.6　医疗废物管理模式

5.6.1　宁波市奉化区：创建"无废医院"，打通医疗废物监管"最后一公里"

1．基本情况[66]

宁波市奉化区紧扣"无废城市"建设具体要求，以"无废医院"建设为立足点，以数字化改革为切入点，以强化统筹协调、构建监管体系、突出特色亮点为抓手，积极探索医疗废物管理新路径、新模式，打通医疗废物监管"最后一公里"，打造"奉化样板"，全力助推"无废城市"建设。

2．主要做法

（1）重统筹、促合力，推动"无废医院"创建

为有力推进"无废城市"建设工作，奉化区进一步健全"四位一体"的医疗废物管理机制（图5-44），明确工作职责流程，各单位加强协作、形成合力，全面落实"无废医院"创建工作。2021年，奉化区医疗废物安全处置率和医疗卫生机构可回收物资源回收率均达100%。

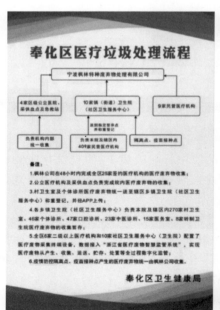 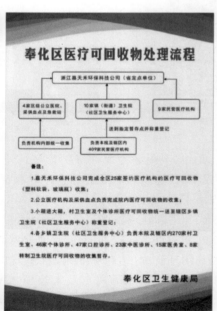

图5-44　奉化区医疗废物处置流程图

（2）破难题、推亮点，打造智慧监管平台

针对医疗废物各环节监管难点问题，奉化创新"数字医疗废物＋智慧监管"工作模式，以数字化改革为切入点，推动全区 16 家医疗机构完成医疗废物采集终端设备采购和调试，医疗废物数据均接入省医疗废物智慧监管系统，依托监管系统做到定点、定人、定时收集。医疗废物收集转运工每天对各科室的医疗废物进行称重收取、详细记录，按规定路线转运至医疗废物暂存点，分类、分区域放置。

所有医疗废物暂存点安装高清摄像机并接入远程监控平台，实现 24 h 监控。通过视频监控、数据跟踪的方式，实施医疗废物全过程信息化管理（图 5-45），实现医疗废物收运智能化、数据实时化、监控全程化，有效提升医疗机构医疗废物管理水平。

图 5-45　医疗废物管理系统

此外，奉化区 4 家区级医疗机构均已使用智能收集车，实现医疗废物的产生、收集、运送、贮存、处置等全过程数字化监管，有效提升医疗废物闭环式追踪管理水平。

（3）建机制、提效能，强化新冠医疗废物处置

在新冠疫情防控期间，全区加强集中隔离点及大规模核酸采样点产生的医疗废物闭环管理，结合实际制定《宁波市奉化区新冠病毒疫情有关医疗废物处理工作方案》，集中隔离点及大规模核酸采样点负责新冠医疗废物的收集、消毒、暂存，第三方公司负责转运与处置，奉化区卫生健康局、宁波市生态环境局

奉化分局负责监督管理,进一步明晰部门职责、明确工作标准、理顺工作流程、完善工作机制,高效推进落实重点场所的医疗废物管理处置工作,有效防止疾病传播,切实保障群众健康安全。

此外,全区还同步加强"无废医院"宣传氛围布置,全方位、多层次提高群众对"无废城市"的参与度与知晓度,实现"无废"共治局面。

5.6.2 湖州市:医疗废物"小箱进大箱"收集模式

1. 基本情况[67]

湖州市在医疗废物管理上以"小箱进大箱"为收集模式,以数字化监管为契入点,打造医疗废物管理三个"全覆盖"模式,有效破解新冠疫情常态化防控期间医疗废物监管难题,在全省率先实现医疗废物智慧闭环收集体系全市域覆盖、全过程监管。

2. 主要做法

(1)坚持高站位谋划,实现医疗废物收集模式全覆盖

全市共设置以二级医院、乡镇卫生院、部分门诊部作为暂存的"大箱"点234个,全市社区诊所等基层医疗机构"小箱"点1430家,按照就近原则,全部纳入收集体系。专用收集车将医疗废物集中处置网络延伸至基层网底,以"小箱进大箱"的方式,统一运至医疗废物处置公司。同时,将"小箱进大箱"收集等工作列入各区县综合考核,全面推进医疗废物标准化收集体系湖州全域覆盖。

(2)运用智能化技术,实现医疗废物监管平台全覆盖

借助物联网、视频监控、GPS等技术,搭建"湖州医疗废物在线"数字化智慧监管系统(图5-46)。基层医疗机构医疗废物使用智能终端,通过APP扫描二维码识别、自动称重、物联网和无线上传技术,可及时在"云端"捕获相关信息;规模以上医疗机构医疗废物使用智能收集车,通过智能识别、自动称重、电子标签、大数据和物联网技术,对各科室医疗废物种类、重量和收集人员等相关信息自动采集上传云端存储,收集信息同步实现各级管理员实时查询。建立内部视频监控,对医疗废物主要产生科室、暂存房等实施可视化监管,发现问题及时处置,其中二级以上医疗机构监控视频同步接入"湖州医疗废物在线"平台,同时接入运输车辆GPS定位信息和无害化处置数量、过程及视频信息,实现全市医疗废物从"定性粗放"向"定量定时"精细化管理转变。

打通"湖州医疗废物在线"、生态环境部门固体废物监管信息系统、省医疗废物智慧监管平台和省行政执法监管平台数据链路,"医疗废物在线"数据实时

图 5-46 湖州医疗废物在线

上传省医疗废物智慧监管平台,同时匹配医疗废物预警规则,由平台系统对收集数据进行智能分析,实时将预警信息推送到省行政执法监管平台,方便各级管理人员实时查看医疗废物收集情况。执法人员利用风险预警机制和重点场所监控视频对医疗废物收集、处置等环节开展非现场执法,实现医疗废物从最初产生到最终无害化处置的全程闭环智慧监管。截至目前,全市共处理风险预警 97 条,对 6 家医疗机构给予警告处罚。

3. 取得成效

新冠疫情期间,医疗废物及相关涉疫废物实现日产日清,累计收集医疗废物 8718.8 t,安全处置率达 100%,有效维护了生态环境安全和防疫安全。

5.6.3 杭州市西湖区:"物联网+云端技术"医疗废物管理模式

1. 基本情况[68]

杭州市西湖区医疗废物智慧监管项目全称为"一体化医疗废物集成回收终端和视频监控项目",坚持"机器换人"理念,运用"物联网+云端技术",提升了医疗机构对医疗废物处置的管理水平,助推卫生监督部门实现了对医疗废物处置的精准执法。

2. 主要做法

1)制定新标准,一张蓝图绘到底

西湖区卫健部门前后投入 148 万元建设医疗废物智慧监管项目,主要包括标准化终端和智慧化后台两个部分。项目的关键在于终端的标准化,为此,西湖区自加压力,敢于争先,开展多次专题调研、实地考察,在省卫健委等上级部门具体指导下,最终制定了西湖区医疗废物转运大箱点实施方案,制定大箱点建设标准,即"两车三房四监控五统一":

(1)"两车":配备2辆一体式智慧称重车;

(2)"三房":设置医疗废物工作间、医疗废物暂存间、医疗废物工具清洗间3间工作用房;

(3)"四监控":在暂存间门口、暂存间内、收集点、产废点安装4个高清摄像头;

(4)"五统一":统一名称、统一称重设备、统一标识标牌、统一视频监控、统一监管制度。

2)打造新风景,久久为功抓落实

按照实施方案,西湖区的社区卫生服务中心、二级及以上医疗机构、民营医院、体检中心等55家产废量大的医疗机构已完成终端建设并接入省平台。社区卫生服务站点、学校医务室、中医诊所等172家产废量小的医疗机构通过"小箱进大箱"管理全部纳入智慧监管体系,基本实现了医疗机构全覆盖监管(图5-47)。

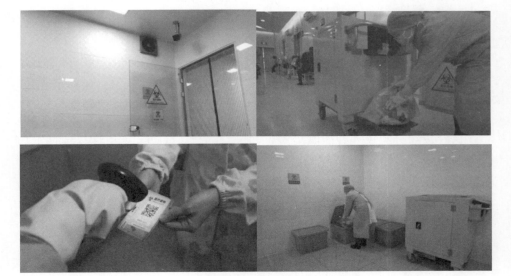

图5-47 医疗废物终端标准化收存流程

3)监管新平台,AI赋能成现实

医疗废物的全过程记录经过大数据分析,将异常信息推送给卫生执法人员,执法人员根据风险提示进入医疗废物智慧监管平台(图5-48)进行核查,对相关单位进行指导,对问题单位进行立案处罚,执法人员也可以通过平台主动对医疗废物监控视频进行抽查。平台上线后,医疗废物总重吨数环比上升32.5%,接收违规预警56次,非现场办案15次。

图 5-48　智慧化后台监管系统

5.6.4　新昌县:"互联网＋医疗废物"平台信息化管理模式

1. 基本情况[69]

医疗废物是具有传染性的危险废物,处置不当会给城市和市民带来极大的危害。近年来,新昌县引入融家科技公司"互联网＋医疗废物"平台信息化技术,通过云计算、大数据分析等互联网云端技术,全程监控、全程溯源,为医疗废物无害化安全处置提供"新昌样板"。

2. 主要做法

(1) 从产生到销毁,处置"全闭环"

医疗废物分类投入智能收集箱后,通过重量实时称重,自动对不同的分类配置独特的电子标签或二维码,操作途中不需要任何手动填写,从而有效避免人为误差。在后期的转运交接和最终的分类处理环节,只需要扫描就可以了解对应的分类,避免过多接触造成病毒的二次传播,极大地降低了安全隐患,实现了医疗废物从院内分类收集再到转运,最后由专业回收机构运走进行终极焚烧处置的全程闭环管理,如图 5-49 所示。

(2) 人工到智能,监管"全过程"

新昌创新推出源头分类监管医疗废物智慧监管 2.0 版本,改变以往纸质台账来管理医疗废物的方式,利用物联网和"云"平台实时收集各医疗废物点的相关数据,统一管理,实现了医疗废物全过程监管、统计,以及医疗废物转运 GPS 全程动态监管。医疗废物数据在卫生监督执法机构、医疗机构、医疗废物处置公司、环保监管部门互联互通,使得医疗机构在管理中可以实时查询问题,发现违规行为可以及时查处,真正做到精准执法,高效执法。

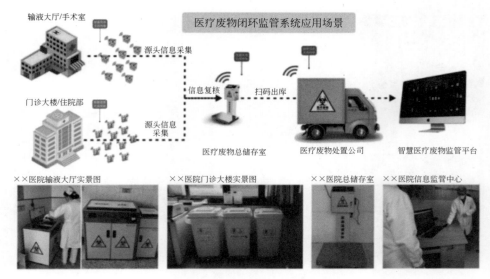

图 5-49　医疗废物闭环监管系统

（3）从一家到全域，系统"全覆盖"

医疗废物智慧监管平台是"无废城市"平台建设的重要组成部分。从 2018 年开始，新昌县以县人民医院为试点，正式启用医疗废物智能管理系统（图 5-50 和图 5-51），每个科室的收集时间从 8 min 减少到 2.5 min，减少了医疗废物的混放和医疗废物登记不全的现象。该系统已在新昌县二级以上医院直至乡镇卫生院、民营医院等医疗机构全覆盖，并在全国 800 多家医疗机构推广使用，全面助力"无废城市"建设。

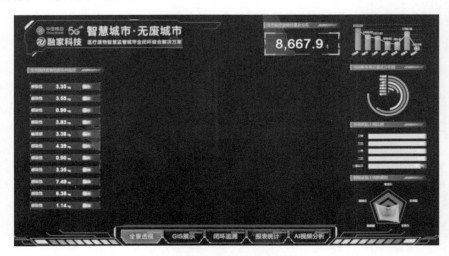

图 5-50　医疗废物智能管理系统

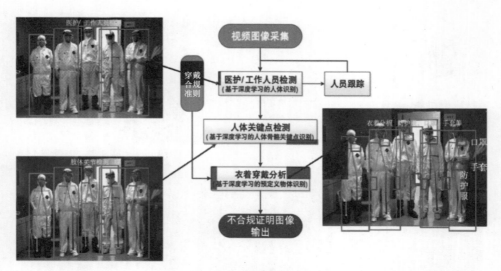

图 5-51　视频图像采集

5.6.5　象山县：医疗废物管理"一码通"流转

1. 基本情况[70]

象山县抓准全省"无废城市"数字化改革契机,大力推动医疗废物领域数字化改革,在全省率先实施医疗废物处置社会化运作,实现医疗废物处置"一码通"流转,建立健全医疗机构医疗废物一体化管理体系,形成了颇具半岛特色的基层医疗机构医疗废物全过程智能闭环监管机制。

2. 主要做法

(1) 领航"管"跑道,提升医疗废物管理能力

象山县在全省率先实施医疗废物处置社会化运作,县域内各医健集团与政府定点处置单位签订协议,建立 20 个医疗废物处置中转站,基层医疗机构均纳入县域一体化统筹管理。社会服务机构定时定点收运至各中转站,进行"小箱进大箱"一体化管理,再由专业公司进行规范化收运。医疗废物收运服务"社会化"模式从根本上解决了村卫生室、个体诊所等中小医疗机构医疗废物无人接收、贮存时间超时、流向不清等问题。截至目前,社会服务机构共运输医疗废物 200 余吨,实现基层医疗机构医疗废物 100% 全收纳。

(2) 冲刺"智"跑道,实现医疗废物全程监管

象山县卫生监督所牵头开发的"掌上医疗废物助手"小程序为全县 168 家

村卫生室、24 家社区卫生服务站、88 家民营医疗机构"赋二维码",扫码可查询的数据与浙江省医疗废物智慧监管平台同步,使医疗废物处置溯源管理更加便捷,实现全县医疗废物全过程监管,如图 5-52 所示。

图 5-52 医疗废物的全过程监管

新冠疫情防控期间,"掌上医疗废物助手"(图 5-53)发挥了重要作用。手机端扫描医疗机构二维码即可查询该机构的历史医疗废物处置时间、出入库信息、重量、种类、交接人员等信息;统计分析医疗废物重量(数量),分类显示感染性、损伤性、病理性、药物性、化学性医疗废物数据,可浏览最近七天医疗废物走势,为疫情期间的医疗废物提供特色的收运、处置和监管方式。

日常监管工作中,"掌上医疗废物助手"也能提供诸多便利。使用手机扫描各医疗废物产生点位二维码即可查询医疗机构各科室医疗废物情况,执法提质增效。实时监控,一旦发生医疗废物异常情况,立即触发数据预警发送至执法人员手机端,确保第一时间进行处置,如图 5-54 所示。

3. 取得成效

象山县利用收运服务社会化运作、互联网监管等手段,做到"产生点→暂存

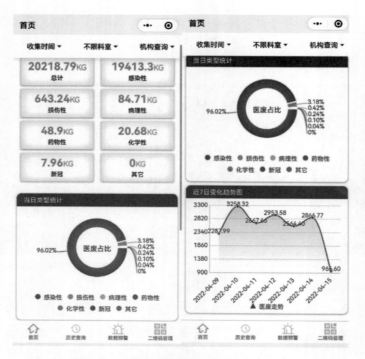

图 5-53 "掌上医疗废物助手"小程序界面

图 5-54 医疗废物异常预警

点(中转站)→车辆运输→无害化处置"等各环节实行全闭环智慧监管,是解决医疗废物监管难题所做的重要尝试,为全域"无废城市"建设医疗废物全程智能监管工作提供了经验。

5.6.6 海宁市:智能化设备助力医疗废物零接触处置

1. 基本情况[71]

海宁市通过硬件设备改造、处置能力提升、数字化改革应用,做好区域医疗废物及涉疫垃圾的全过程闭环管控,全面助推"无废城市"建设。

2. 主要做法

(1)审时度势,提前谋划,处置能力提升

海宁市政府 2021 年 9 月启动医疗废物二期(应急)项目建设,力求在短期内提升医疗废物处置能力,为嘉兴市新冠疫情防控提供重要基础保障。项目于 3 月 21 日完成调试并正式投产运行。项目的运行增加了 10 t/d 的医疗废物处置产能,极大提升了海宁市面对涉疫固废产生量激增的韧性。

(2)设施设备提升,提高效率,减少风险

海宁市医疗废物二期(应急)项目兼顾设施设备提升、生产效率提升和疫情防控能力提升,引进全国首套智能化医疗废物处理线,实现了从医疗废物周转箱开盖倒料到高温蒸汽灭菌的全过程无人化。新系统使用自动机械臂和专用的夹具工装代替人工操作,操作人员在医疗废物无害化处理全过程均不会直接接触医疗废物,如图 5-55 所示。

图 5-55 智能化医疗废物处理线

智能化医疗废物处理线的投入使用提高了整个处置工艺流程的工作效率,

极大降低了工作人员感染的风险,保证项目平稳运行。

（3）数字赋能推动医疗废物全链条闭环监管

作为省"无废城市"数字化改革试点单位之一,海宁市以"码＋链"为核心,构建产废单位、收运单位、处置单位全过程管理体系,研发上线"医疗废物在线"应用(图 5-56)。建设"物资调配、产废暂存、收运管理、末端处置、应急保障、预警分析"六个核心功能模块,建立涵盖全市医疗机构、境内集中隔离点、"三区"垃圾暂存点、收运单位、处置单位和政府管理部门的用户体系,目前 105 个用户使用率达 100％,实现了医疗废物从产生、收集、贮存、转运到处置的业务协同和数据打通。创新建立每日医疗废物管控指数,评估保障、配送、收运、处置、应急五方面能力和综合能力。

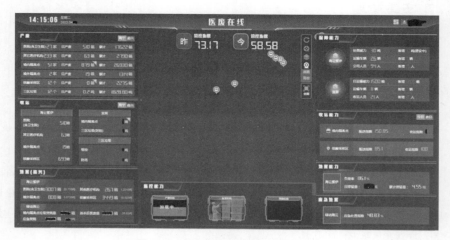

图 5-56 "医疗废物在线"应用平台

3. 取得成效

2022 年 3 月以来,海宁市共发出预警 120 条、收运周转(纸)箱 7 万余个、处置嘉兴市医疗废物 711.7 t。全面提升了医疗废物精细化、数字化管理水平,有力保障了医疗废物应收尽收、日产日清。

5.6.7 东阳市:三"统一"、一"加强"构建动物医疗废物收运处置体系

1. 基本情况[72]

2022 年以来,东阳进一步研究省全域"无废城市"建设实施中动物医疗废物

无害化处置目标,通过建立三个"统一"和一个"加强",实现全市动物医疗废物管理的精密智控。

2. 主要做法

1)建立统一动物医疗废物收集贮存仓库

东阳在市域内建造了一个独立、密闭且上锁防盗的动物医疗废物仓库,仓库地面与裙角均采用坚固、防渗的材料,并设置导流沟与收集池,仓门张贴警示标识和周知卡。

按照《医疗废物专用包装物、容器的标准和警示标识的规定》要求,仓库配置动物医疗废物贮存箱或周转箱,并按照动物医疗废物的类别对感染性废物、损伤性废物、病理性废物分类予以收集,装入贮存箱或周转箱内。

2)建立统一动物医疗废物信息化管理系统

(1)搭建动物医疗废物收集管理系统。将动物医疗废物产生单位、处置单位全部纳入管理系统,赋予生态环境、农业农村部门监管权限。

(2)构建数字化通道。产生单位通过人脸识别门禁进入仓库,扫描专用二维码确定产生单位,将医疗废物放到智能称上选择相应类别后,重量自动上传管理系统。处置单位通过人脸识别门禁进入仓库后,全程记录处置过程。通过数字化通道,杜绝人为因素,确保医疗废物处置准确规范(图 5-57)。

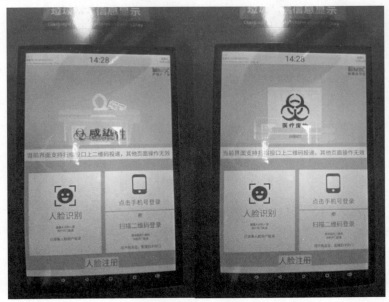

图 5-57　智能信息显示界面

3）建立统一动物医疗废物收集清运管理机制

（1）建立健全动物医疗废物管理责任制。

（2）明确分类收集要求。按照《医疗废物专用包装物、容器的标准和警示标识的规定》要求，动物医疗废物收集点配置动物医疗废物贮存箱或周转箱，并按照动物医疗废物的类别对感染性废物、损伤性废物、病理性废物分类予以收集。

（3）规范动物医疗废物仓库管理。

4）加强动物医疗废物收集转运规范管理

（1）规范填写《危险废物转移联单》。废弃物仓库管理单位与医疗废物集中处置单位交接医疗废物过程中必须填写《危险废物转移联单》，标明种类、重量、数量、交接时间、地点及经办人等，各种登记资料保存期限为5年。

（2）使用专用收集箱。运送人员在处理、运送动物医疗废物时，使用专用收集箱以防止造成包装物、容器破损和医疗废物的流失、泄漏和扩散（图5-58）。

（3）专用运送车辆。专用运送车辆应具备防雨、防晒、防遗洒、密闭、易装卸和清洁等特性，设置明显的医疗废物警示标识及时对运送车辆进行清洁和消毒。

图5-58 动物医疗废物专用收集箱

5.6.8 桐乡市：构建动物医疗废弃物收集处置模式及制度体系保障

1. 基本情况[73]

近年来，桐乡市农业农村部门聚焦基层动物医疗废弃物处置，依托基层动物防疫队伍,率先构建"分类收集、定点暂存、统一回收、集中处理"的动物医疗废弃物收集处置模式,补齐了全市固体废物收集处置体系的短板,在消除疫病传播风险、促进"无废城市"建设等方面均有较为积极的意义。

2. 主要做法

1)建设收集处置体系

桐乡市依据工作职责和收集处置的关键环节对各单位进行了明确分工,各成员单位细化分解工作任务,落实到人。畜牧兽医局主要负责组织实施,监督检查,协调开展动物医疗废弃物收集处置工作;动物疫病预防控制中心负责技术指导;各镇(街道)负责本辖区内动物医疗废物暂存点建设,安排专人负责废物收集处置工作,并做好档案管理等,如图 5-59 所示。

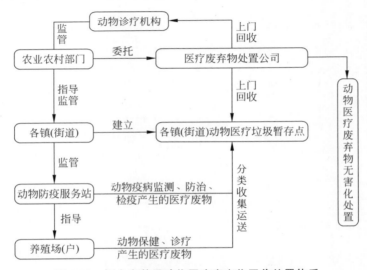

图 5-59　桐乡市基层动物医疗废弃物回收处置体系

2)形成收集处置制度

为了更好地开展工作,桐乡市农业农村部门制订了《桐乡市强制免疫及疫病监测相关动物医疗废物处理方案(试运行)》,明确了责任主体和工作任务,并进行了管理人员和交接人员的备案,制定了《桐乡市强制免疫及疫病监测相关动物医疗废物管理制度》和《桐乡市强制免疫及疫病监测相关动物医疗废物处置流程》(图 5-60)。

3)强化收集处置监管

(1)完善各项规章制度,进一步规范收集处置程序。开展暂存点规范化建设,完成管理、交接人员备案,组织星级暂存点评比活动,提升暂存点管理水平。

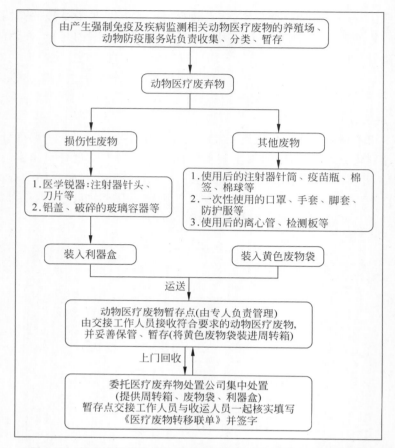

图 5-60 桐乡市强制免疫及疫病监测相关动物医疗废物处置流程

（2）开发动物医疗废弃物数字化应用场景，接入桐乡市数字畜牧应用系统。在线发布收集处置工作奖补政策、分类要求、工作动态等政策信息，实时掌握每个暂存点每日的收集处置量、处置公司的清运频次、养殖场收集处置工作开展情况等，实现智慧云监管、云服务。

（3）对暂存点、养殖场等管理人员开展培训。强化责任落实，从动物医疗废弃物科学分类、安全暂存、规范转运和及时处置等几方面规范收集处置工作。

4）扩大收集处置范围

在将动物防疫服务和养殖场（户）产生的医疗废弃物纳入收集处置体系的基础上，逐步扩大收集范围，将社会宠物医院等社会动物诊疗机构纳入收集处置体系，以诊疗机构业主负责、行政部门监督指导、处置单位上门收运的模式，由各动物诊疗机构与收集处置单位签订收集处置协议，在诊疗场所内设立动物医疗废物暂存点,安装医疗废物信息系统,由收集处置单位定期上门收集,刷卡确认并同步将收运情况上传信息系统。

3. 取得成效

目前桐乡市 11 个镇(街道)共设有动物医疗废物暂存点 23 个,暂存点医疗废物每 2 天清运一次,强制免疫及疾病监测相关动物医疗废物的回收处置率在90％以上。据统计,至今已收集处置动物医疗废弃物 18.37 t。2021 年 1—7月,桐乡市已回收处置动物医疗废弃物 2.44 t,其中养殖环节 1.47 t,动物诊疗机构 0.72 t,县级兽医实验室 0.25 t。

参 考 文 献

[1] 成娟,田智勇,高朋朋,等. 危险废弃物危害及处理处置[J]. 资源节约与环保,2019,2: 67-68.

[2] 环保人联盟. 危废行业透彻说[J]. 资源再生,2019(4): 38-42.

[3] 巢国良. 工业源危险废物管理现状及发展趋势探讨[J]. 科技资讯,2012(24): 1-2.

[4] 刘光富,田婷婷,刘嫣然. 中国典型社会源危险废物的资源潜力分析[J]. 中国环境科学,2019,39(2): 691-697.

[5] 石慧. 苏北五市危险废物处理处置现状及一体化管理体系研究[D]. 南京:南京农业大学,2016.

[6] 邵青,霍文敏,苑运丽,等. 以废酸、废碱液制备聚合氯化铁铝的实验研究[J]. 工业水处理,2012,32: 64-67.

[7] 汪莉,柴立元,闵小波,等. 重金属废渣的硫固定稳定化[J]. 中国有色金属学报,2008(11): 2105-2110.

[8] 黄本生,刘清才,王里奥. 垃圾焚烧飞灰综合利用研究进展[J]. 环境工程学报,2003,4(9): 12-15.

[9] 中华人民共和国生态环境部. 2020年全国大、中城市固体废物污染环境防治年报.

[10] 2016—2022年全国生态环境统计公报.

[11] 李金惠,杨连威. 危险废物处理技术[M]. 中国环境科学出版社,2006.

[12] 医疗废物分类目录(2021年版)[J]. 中国感染控制杂志,2021,20(12): 2.

[13] 李忠卫,尚辉良,邓雅清. 我国再生铅产业发展的现状与瓶颈[J]. 有色冶金设计与研究,2014,3(35): 58-61.

[14] 许言,董庆银,杨建新. 生活垃圾强制分类形势下的多源废荧光灯管回收管理机制建议[J]. 2020(5): 87-94.

[15] 殷捷,范例. 国内外废旧荧光灯管管理体系及处理处置现状研究[J]. 环境影响评价,2016(7): 81-87.

[16] 王秀腾,蒋文博,赵巍,等. 我国废矿物油回收和再生利用行业的问题及标准化新趋势[J]. 资源再生,2020(5): 29-32.

[17] 赵静. 废矿物油处置及资源化应用技术研究进展[J]. 科学技术创新,2018(24): 155-156.

[18] RAMASWAMY K, RADHA V, MALATHI M, et al. Degradation of organic pollutants by Ag,Cu and Sn doped waste non-metallic printed circuit boards[J]. Waste Management,2017,60: 629-635.

[19] ALZATE A, LOPEZ M E, SERNA C. Recovery of gold from waste electrical and electronic equipment (WEEE) using ammonium persulfate[J]. Waste Management,2016,57: 113-120.

[20] ZHAN L, XIANG X, XIE B, et al. A novel method of preparing highly dispersed spherical lead nanoparticles from solders of waste printed circuit boards[J]. Chemical

Engineering Journal,2016,303：261-267.

[21] VAN EYGEN E,DE MEESTER S,TRAN H P,et al. Resource savings by urban mining：The case of desktop and laptop computers in Belgium［J］. Resources, Conservation and Recycling,2016,107：53-64.

[22] NAGLE R. Because computers don't compost[J]. Science,2007,316：693.

[23] JEREMIANH J,HARPER E M,REID L,et al. Dining at the periodic table：metals concentrations as they relate to recycling[J]. Environmental Science & Technology, 2007,41：1759-1765.

[24] LU Y,XU Z. Precious metals recovery from waste printed circuit boards：A review for current status and perspective[J]. Resources,Conservation and Recycling,2016,113： 28-39.

[25] RICHARD S. Confronting a toxic blowback from the electronics trade［J］. Science, 2009,325：1055.

[26] LABUNSKA I,HARRAD S,WANG M,et al. Human dietary exposure to PBDEs around E-waste recycling sites in Eastern China［J］. Environmental Science & Technology,2014,48：5555-5564.

[27] WANG J,XU Z. Disposing and recycling waste printed circuit boards：disconnecting, resource recovery,and pollution control［J］. Environmental Science & Technology, 2015,49：721-33.

[28] 国家卫生健康委,生态环境部.关于印发医疗废物分类目录(2021年版)的通知.

[29] 廖树妹,吴彦瑜.农药废弃物环境管理与处置研究［C］//2015年中国环境科学学会学术年会论文集(第一卷).2015：860-866.

[30] 何艺,霍慧敏,蒋文博,等.中国危险废物管理的历史沿革——从"探索起步"到"全面提升"[J].环境工程学报.2021,15(12)：3801-3810.

[31] 黄本生.危险废物系统管理模式研究及应用[D].重庆：重庆大学,2004.

[32] 龙燕.我国危险废物管理与处置发展历程[J].有色冶金设计与研究,2007(Z1)：1-7,17.

[33] 王琪,黄启飞,闫大海,等.我国危险废物管理的现状与建议[J].环境工程技术学报, 2013,3(1)：1-5.

[34] 刘方明,修太春,孙理琳.危险废物环境管理体系研究[J].环境科学与管理,2021, 46(2)：14-17.

[35] 新华社.中共中央关于制定国民经济和社会发展第十四个五年规划和二〇三五年远景目标的建议［EB/OL］.

[36] 国务院办公厅."无废城市"建设试点工作方案.

[37] 生态环境部.2019年中国生态环境统计年报［EB/OL］.

[38] 生态环境部."无废城市"建设指标体系(试行).

[39] 刘丽丽,谢懿春,李金惠.中国"无废城市"理念框架下的危险废物[J].世界环境, 2019(2)：37-39

[40] 黄启飞,王菲,黄泽春,等.危险废物环境风险防控关键问题与对策[J].环境科学研究,2018(5)：790.

[41] 黄启飞."无废城市"建设危险废物领域污染防治技术[J].中国环境科学研究院,2019.

[42] 分地区固体废物处理利用情况(2020年).中国统计年鉴(2021).

[43] 生态环境部.2020年全国大、中城市固体废物污染环境防治年报.

[44] 危废行业透彻说[J].资源再生,2019(4):38-42.

[45] 生态环境部.《危险废物填埋污染控制标准》(GB 18598—2019).

[46] 中华人民共和国生态环境部. https://www. mee. gov. cn/home/ztbd/rdzl/sskf/kfss/sxs1/dyp/201901/t20190127_691146. shtml.

[47] 安徽省生态环境厅. https://sthjt. ah. gov. cn/public/21691/25257411. html.

[48] 中华人民共和国生态环境部. https://www. mee. gov. cn/home/ztbd/rdzl/sskf/kfss/ahs/dsp_31481/202107/t20210713_846497. shtml.

[49] 浙江生态环境.浙江省全域"无废城市"建设巡礼(81)|云和县:"正面清单"制度破解水性漆渣管理难题.

[50] 浙江生态环境.浙江省全域"无废城市"建设巡礼(55)|德清:"中国钢琴之乡"奏出"无废"美丽乐章.

[51] 浙江生态环境.2022年浙江省全域"无废城市"建设巡礼(8)|温州市:系统化创新推动小微危废收运体系建设.

[52] 浙江生态环境.2022年浙江省全域"无废城市"建设巡礼(11)|磐安县:政企助力构建汽修行业危险废物全品类收储平台.

[53] 浙江生态环境.2022年浙江省全域"无废城市"建设巡礼(12)|嘉兴南湖区:打造"无废实验室"推进检验检测机构废物规范回收.

[54] 浙江生态环境.浙江省全域"无废城市"建设巡礼(35)|义乌:部门联动,实现实验室废物集中收运覆盖率100%.

[55] 佛山市生态环境局.

[56] 浙江生态环境.2022年浙江省全域"无废城市"建设巡礼(43)|德清县:打造生态除鳞共享中心,实现危险废物源头减量.

[57] 浙江生态环境.2022年浙江省全域"无废城市"建设巡礼(51)|兰溪市:工业废盐资源化利用体系成效初显.

[58] 浙江生态环境.2022年浙江省全域"无废之窗"(59)|衢州市:打造废盐资源化利用"四大模式".

[59] 浙江生态环境.2022年浙江省全域"无废之窗"(64)|安吉县:探索废活性炭循环再生之路,协同产业低碳发展.

[60] 浙江生态环境.2022年浙江省全域"无废城市"建设巡礼(33)|武义县:全生命周期管理＋全健康系统处置构建两全体系助推危废处置.

[61] http://www. dongshun. environ. agile. com. cn/about_yewu/wffs011. html.

[62] 浙江生态环境.浙江省全域"无废城市"建设巡礼(7)|舟山:海陆联动,对船舶污染物说"不".

[63] 浙江生态环境.2022年浙江省全域"无废城市"建设巡礼(25)|舟山普陀区:彰显普陀海洋特色开启"无废城市"新航线.

[64] http://www. lg. gov. cn/bmzz/sthjj/zlxz/content/post_8643636. html.

［65］　浙江生态环境.2022 年浙江省全域"无废城市"建设巡礼(24)|长兴县：以开放平台加
　　　　速铅蓄电池循环利用闭环,让"铅蛋"孵出"金凤凰".

［66］　浙江生态环境.2022 年浙江省全域"无废城市"建设巡礼(20)|宁波奉化区：创建"无
　　　　废医院",打通医疗废物监管"最后一公里".

［67］　浙江生态环境.浙江省全域"无废城市"建设巡礼(95)|湖州市：打造医疗废物管理"三
　　　　个全覆盖".

［68］　浙江生态环境.浙江省全域"无废城市"建设巡礼(49)|杭州西湖区：实现医疗废物智
　　　　慧监管"全覆盖".

［69］　浙江生态环境.浙江省全域"无废城市"建设巡礼(34)|新昌：绿水青山在新昌,医疗废
　　　　物处置"新"实践.

［70］　浙江生态环境.2022 年浙江省全域"无废之窗"(56)|象山县：医疗废物管理提"智"增
　　　　效,全力打造"数智医疗废物".

［71］　浙江生态环境.2022 年浙江省全域"无废城市"建设巡礼(19)|海宁市：国内首套智能
　　　　化设备助力医疗废物零接触处置.

［72］　浙江生态环境.2022 年浙江省全域"无废之窗"(62)|东阳市：三"统一"、一"加强"构
　　　　建动物医疗废物收运处置体系.

［73］　浙江生态环境.浙江省全域"无废城市"建设巡礼(85)|桐乡市：探索建立动物医疗废
　　　　弃物收集处置模式.